U0155463

这本书的内容来源于我在执行神舟十二号任务期间，以日记的形式记录下来的每天的感受，希望以此激励每一个有梦想的人不懈奋斗，去实现自己的人生理想。

我把理想写进空间站

刘伯明 著

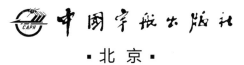

中国宇航出版社

·北京·

版权所有　侵权必究

图书在版编目（ＣＩＰ）数据

我把理想写进空间站 / 刘伯明著. --北京 ：中国
宇航出版社，2022.11(2023.7 重印)

ISBN 978‐7‐5159‐2121‐1

Ⅰ. ①我… Ⅱ. ①刘… Ⅲ. ①航天员－普及读物
Ⅳ. ①V527‐49

中国版本图书馆 CIP 数据核字(2022)第 174169 号

总 策 划	冯春萍	责任编辑	彭晨光	
特邀审稿	尹　锐		王杰琼	
特约编辑	赵　聪	封面设计	数媒通	

出版发行　**中国宇航出版社**

社　址　北京市阜成路 8 号　邮　编　100830　　　　版　次　2022 年 11 月第 1 版
　　　　　(010)68768548　　　　　　　　　　　　　　　　　　2023 年 7 月第 3 次印刷
网　址　www.caphbook.com　　　　　　　　　　　　规　格　710×1000
经　销　新华书店　　　　　　　　　　　　　　　　　开　本　1/16
发行部　(010)68767386　　(010)68371900　　　　　印　张　16
　　　　　(010)68767382　　(010)88100613 (传真)　字　数　172 千字
零售店　读者服务部　　　　　　　　　　　　　　　书　号　ISBN 978-7-5159-2121-1
　　　　　(010)68371105　　　　　　　　　　　　　　定　价　78.00 元
承　印　北京盛通印刷股份有限公司

本书如有印装质量问题，可与发行部联系调换

刘伯明在太空书写

序

听闻神舟十二号飞行乘组平安落地后，我由衷地为海胜、伯明、洪波感到高兴，尤其是伯明。那是一个特别的日子，我应当祝福他，不仅仅因为他圆满完成了第二次飞天之旅，还因为这一天是他 55 岁的生日。

1966 年 9 月 17 日，伯明出生于黑龙江省依安县；2021 年 9 月 17 日，伯明乘坐神舟十二号载人飞船返回舱成功着陆于东风着陆场。这真是一个奇妙的缘分，也为伯明的航天员生涯增添了传奇色彩。

航天员这个职业，在很多人的眼里是光鲜亮丽的，也可以说是偶像级别的，但实际上却是一个要"吃尽苦头"的职业，要接受普通人难以想象的各种极限挑战训练。伯明在书中展现了很多训练的图片，可以看出航天员训练是多么的艰苦。在实际训练时，航天员手里都会拿着一个报警器，当达到身体极限难以承受的时候，可以将报警器按下，此时训练就会停止。但是这么多年来，没有一名航天员将报警器按下，为什么？我想伯明在书名中就给出了答案：理想。

正是心中秉持着这种理想，才会让他在执行神舟七号任务过程中，面临"火灾警报"时首先想到的是，要让五星红旗飘扬在太空，而将自己的生死置之度外；正是心中秉持着这种理想，才会让他在执行神舟七号任务后，并没有站在英雄的光环下骄傲自满，而是一如既往地投入到更加严格的训练中，再次飞天圆梦。他说："每次任务都要重新归零，要重新选拔，要保持第一次的热情和激情，也要保持一如以往的踏实作风。"

在中国载人航天工程立项 30 周年、中国空间站即将全面建成之际，读到伯明这本书，心中感慨万分。从我 2003 年飞天至今已有 19 年的时间，我细数神舟系列载人飞船一次又一次的飞天路，凝望环绕在身边坚持训练的战友们，遥想太空执行任务的神舟十四号乘组，感慨着几代航天人的接续奋斗推动着中华民族几千年的"飞天理想"开花结果，心中无比庆幸我们生活在了一个伟大的时代，这个伟大的时代成就了我们的理想。

苏格拉底说："世界上最快乐的事，莫过于为理想而奋斗。"伯明在他 55 岁这年，用实际行动做出了证明，他对理想的笃信与坚守，是航天员身上最重要的品质之一。品读伯明的成长经历和飞天历程，希望他身上那种胸怀祖国、睿智拼搏、坚韧不拔、敢为人先的精神，能够激扬新一代青年人，搭乘理想之舟，飞越更辽阔的星辰大海。

目录

航天科普
——让我告诉你

第一章

又见酒泉

我特别喜欢酒泉卫星发射中心的胡杨，喜欢它坚韧不拔的特性，喜欢它自由奔放的造型，喜欢它抗旱抗寒的耐力。我希望有一天，自己在酒泉卫星发射中心问天阁外种植的小胡杨能够长成参天大树，用它茂密的枝叶，为航天城增添一抹绿光。

第 1 篇

2021年6月11日

距离上一次飞向太空已经过去 4642 天了。今天，我和战友聂海胜、汤洪波从北京航天城启程，奔赴酒泉卫星发射中心执行神舟十二号飞行任务，到达那里几天后，我将踏上我的第二次飞天之旅。

乘坐专机飞往酒泉之前，航天员大队在北京航天城为我们送行。在大队的小广场前，我和送行的战友、亲属简短地交流后，便由上级领导陪同前往北京西郊机场，乘机飞往酒泉卫星发射中心。

再次出征太空，我依然心驰神往，心潮澎湃。在我们日常训练的模拟器大厅的醒目位置，有习近平总书记的题词："探索浩瀚宇宙，发展航天事业，建设航天强国，是我们不懈追求的航天梦。"这句话一直激励着我不断探索前行，为党出征、为国争光是我们航天员的永恒初心和崇高使命。

每次任务都要重新归零，每次任务都要重新开始，我要保持第一次的热情、激情，也要保持第一次精细操作的踏实作风。对于航天员个体而言，保持强健的体魄不难，因为我们有一套科学的训练方法。难的是在十几年日复一日地训练中仍保持着那份热情、那份激情。星星只有闪烁在太空中才是最美的，否则它就是一块苍白的岩石。

早在20世纪六七十年代，我国就已经开始载人航天研究，从"曙光一号"飞船方案到早期选拔的20名预备航天员，我国载人航天事业经历了漫长的酝酿时期，做了很多的先期探索。直到1986年3月，王大珩、王淦昌、杨嘉墀、陈芳允等科学家联合提出《关于跟踪研究外国战略性高技术发展的建议》，邓小平作出"此事宜速作出决断，不可拖延"的批示，"863计划"才直接促成了中国载人航天事业的发展。

1992年9月21日，经中央批准，中国载人航天工程正式立项，确定了"三步走"发展战略，工程代号为"921"：第一步，发射载人飞船，建成初步配套的试验性载人飞船工程，开展空间应用实验；第二步，突破航天员出舱活动技术、空间飞行器交会对接技术，发射空间实验室，解决有一定规模的、短期有人照料的空间应用问题；第三步，建造空间站，解决有较大规模的、长期有人照料的空间应用问题。

在30年时间里，从无人飞行到载人飞行，从一人一天飞行到多人多天飞行，从舱内实验到太空行走，从短期停留到中期驻留，从发射飞船、空间实验室到正式建造空间站……中国载人航天工程稳扎稳打，一步一个脚印，在浩瀚太空写下了中国传奇。今天，"三步走"已经走到了第三步，30年前定下的目标即将实现。

从载人航天的发展历程看，世界上提出过载人航天计划的国家不在少数，但几十年来，真正能够独立自主将人类送入太空的国家只有苏联/俄罗斯、美国和中国。载人航天是金字塔塔尖上的事业，为社会发展作出了难以估量的贡献。据不完全统计，在我国近年来投入使用的1000多种新材料中，80%是在空间技术的牵引下研制完成的，有2000多项空间技术成果已应用到国民经济各领域。

中国载人航天工程是一项庞大的系统工程，它由若干个系统构成，航天员系统是几个系统之一。作为参与其中的一名航天员，我感到万分荣幸。我属于中国第一批航天员，但严格来讲，早在1970年，我国曾选拔了20名飞行员作为首批预备航天员开始训练——他们是当之无愧的前辈。由于当时各种条件所限，他们最终没能飞向太空，但他们仍然是中国航天员队伍里令人尊敬的先驱。

航天城送行

我要感谢党，感谢祖国，有了国家这个强大的后盾，赶上这个伟大的时代，我才能为祖国的航天事业贡献自己的力量。选拔一名优秀的航天员不容易，党和人民培养我们这么多年，我们只有圆满完成任务，来报效祖国。我对再度飞天已经做好了充分的准备，有指令长聂海胜和小师弟汤洪波的共同努力、默契配合，我对完成任务充满信心。

　　此次出征，还有一点让我感觉意义非凡。今年恰好是世界载人航天事业60周年。1961年，在苏联拜科努尔航天发射场，苏联航天员尤里·阿列克谢耶维奇·加加林乘坐人类第一艘载人飞船飞向太空。加加林环绕地球一圈儿，飞行了108分钟，成为进入太空第一人。加加林是人类载人航天事业的先行者，他一马当先飞向太空的勇气，给了后来全世界航天员莫大的鼓励。

　　我的第二次飞天之旅会是什么样呢？阔别已久的酒泉卫星发射中心变化大吗？在太空是否还会遇到上次那样的"惊魂时刻"？这些都是问号，但我无惧探索。

　　我已经准备好了！有决心、有信心圆满完成党和人民交给的任务，不辱使命，不负重托！

如何成为一名航天员？

年代不同，这个问题的答案也不同。

我是中国第一批航天员，当时中国刚刚开展太空探索。第一批航天员均是从战斗机飞行员中选拔的。1996年，我按要求经历了四个阶段审查，即档案审查、疗养院初选、住院医学检查以及特定功能检查，其中特定功能检查主要有下体负压耐力、头倒位耐力、心肺功能、脑功能、超重耐力与适应性、缺氧耐力、高空减压病易感性、前庭功能、心理测试、心理会谈和精神卫生检查等17项检查。有3000多名飞行员参加了初选，经过一路"过关斩将"，最终选定了其中的14人为我国第一批航天员。我有幸成为其中的一员。

随着我国航天技术的发展，特别是空间站建成之后，太空任务和目标将发生很大的变化，航天员更多的时间将用于开展太空科学研究、进行空间站的维护，所以航天员选拔的标准也在不断变化，比如我国第三批航天员中有四名载荷专家，他们并不是飞行员出身。但是良好的身体素质、身体协调能力、空间方位感和关键时刻迅速作出决断的能力仍是必备的技能，最为重要的是要对太空探索有强烈的兴趣。

期待更多的人加入航天员队伍之中。

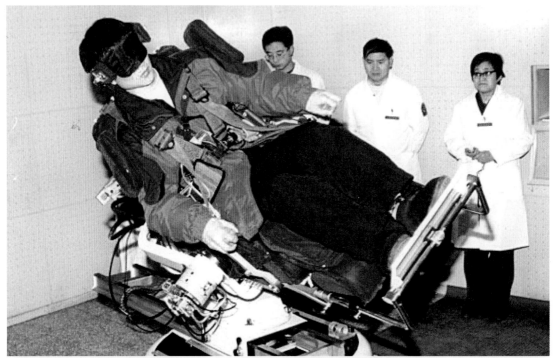

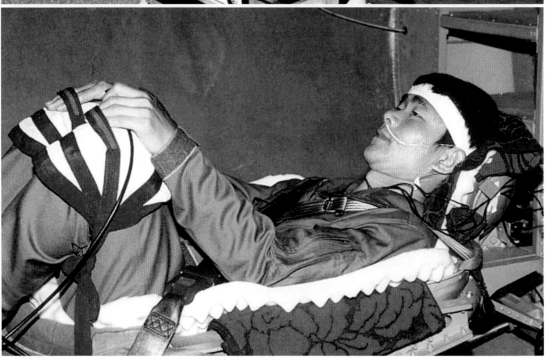

转椅训练

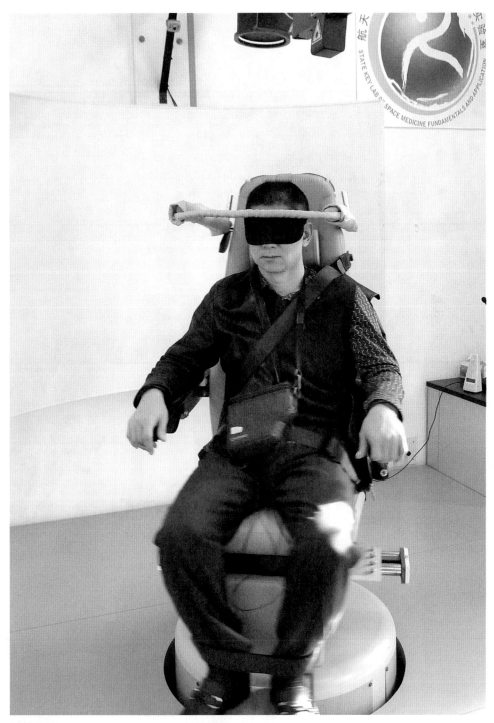

转椅训练

体能训练

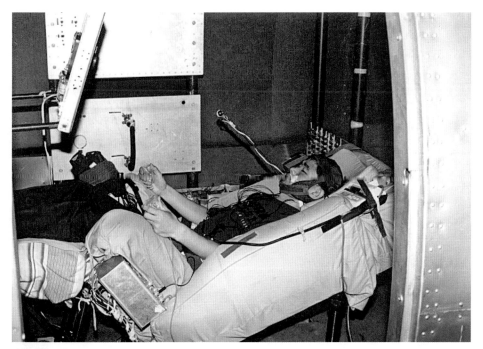

离心机训练

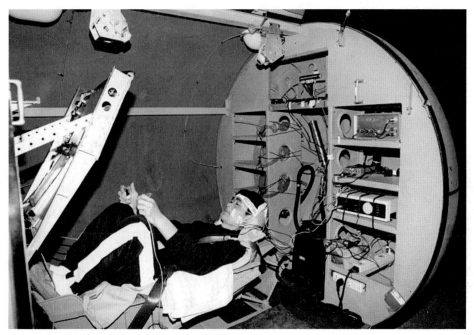

超重耐力适应性训练

沙漠训练

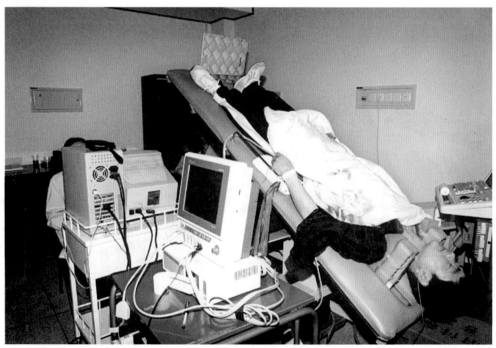

头低位训练

立位耐力检查

第 2 篇

2021年6月12日

到达酒泉，入驻问天阁，情不自禁，浮想联翩。

1958 年 3 月，党中央、毛主席批准，在巴丹吉林沙漠边缘弱水河畔建设我国第一个导弹武器试验靶场。随着中央军委一声令下，将士们挺进大漠，拉开了靶场建设序幕。这个靶场后来发展成现在的酒泉卫星发射中心（又称"东风航天城"）。

很难想象当年的创业者是如何喝着苦咸水，吃着沙拌饭，住着夏天闷热、冬天寒冷的帐篷，把这么艰苦的地方变成我国国防和航天事业摇篮的。1970 年 4 月 24 日，我国第一颗人造地球卫星东方红一号从这里飞向太空，从此拉开了中国探索宇宙奥秘的序幕。"4月 24 日"这个特殊的日子也于 2016 年被确定为中国航天日。

"天上无飞鸟，地上不长草，四处无人烟，风吹石头跑。"这是 20 世纪五六十年代东风航天城建设初期的真实写照。几十年后，这里建起了我国第一个国际先进的载人航天发射场，成为中华民族圆梦飞天的地方。

2001 年深秋，我们全体航天员曾到发射场参观学习。那也是我第一次来到这个向往已久的地方。刚下飞机，就见四周一望无

际，全是寸草不生的大戈壁，阳光非常强烈，总有呼呼的风吹过脸庞，就像是强劲的除湿器要把水分从身体表面吹走。

从机场到发射场还有几十公里，一路上满眼的荒凉，就连沙漠植物骆驼刺都很少见到，但是我知道发射场就坐落在这"生命的禁区"里面。我十分好奇：这需要多么顽强的意志和毅力，才可以在这样的环境中生存并创造奇迹啊？

快到发射中心驻地的时候，一片与荒凉戈壁截然不同的景象映入眼帘。深秋季节，正是胡杨最灿烂的时候，金色的胡杨沿着弱水河岸延伸，像油画一般浓艳，早就听说胡杨这个神奇的树种，第一次见到它，果然名不虚传。

问天阁升旗仪式

　　同行的人介绍，胡杨根扎得很深，能在地下延伸三十多米，可以活着一千年不死，死了一千年不倒，倒下一千年不朽。就像我们航天人一样，扎根大漠直面烈日风沙、严寒酷暑。顽强而坚韧的精神在任何时候都最容易触及人的内心，我们都被胡杨精神所感染，也更加佩服生活在这里的航天人。

　　我特别喜欢酒泉卫星发射中心的胡杨，喜欢它坚韧不拔的特性，喜欢它自由奔放的造型，喜欢它抗旱抗寒的耐力。我希望有一天，自己在酒泉卫星发射中心问天阁外种植的小胡杨能够长成参天大树，用它茂密的枝叶，为航天城增添一抹绿光。

　　时隔 13 年，我再次进驻问天阁。问天阁是专供航天员在发

种植纪念树

射场工作、生活的地方。它不仅为航天员提供了舒适的生活环境，还为航天员提供了进行体能训练、医监医保、隔离检疫、登船准备的场所，其内部设有航天员公寓、航天员餐厅、航天员健身房、隔离大厅等。

飞船发射前，按惯例要举行升旗仪式，种植纪念树，瞻仰东风革命烈士陵园等活动。东风革命烈士陵园坐落在距发射场直线距离不到10公里的地方，每一次飞船起飞，都清晰可见。这是一个极为特殊的方阵，方阵中有元帅、有将军，有普通的科技人员。我国十大元帅之一、中国航天事业的卓越领导者和奠基人聂荣臻元帅之墓就安放在这里，他和数百位航天英烈一起，永远在这里守候着我们的航天事业。陵园更有许多无名烈士，他们没有留下姓名、性别，他们的家人永远也不知道他们去了哪里，做了什么……

瞻仰东风革命烈士陵园

第 3 篇

2021年6月16日

今天的"重头戏"是记者见面会。

神舟十二号任务名单宣布后的第一件事情，就是举行记者见面会。在问天阁的一间专门会议室里，有一个很大的玻璃罩子，记者见面会召开时，我们就站在那里。

按照规定，航天员在飞行前不能跟其他人有近距离接触，我们要实行三级医学隔离，这是最高级别的隔离防护，我国历次载人航天任务都是如此。

这次记者见面会和之前有点不一样，航天员由"坐着"改为"站着"接受采访。以前坐在凳子上，多少会有些拘谨，这次站在发言台旁，台上放了几张纸，方便我们记录，感觉更加自然。

隔着玻璃罩子，看到大厅里坐满了来自各地的记者，特别是很多不远万里来到这里的国外媒体记者，我再一次感受到祖国航天事业的影响力，同时也体会到了作为航天员受到万众瞩目的那种荣誉和压力，这一点也不亚于我们执行任务本身。

在这次见面会上，记者们向我提出了几个问题。

神舟十二号乘组接受采访

记者问：我想请问刘伯明航天员，距离你执行神舟七号任务已经过去 13 年了，这次入选神舟十二号任务乘组，再度飞天，相信你一定付出了很多。请问，这 13 年间最大的体会和变化是什么？

我回答：大家好，我是航天员刘伯明。往前看，13 年似乎很长；往回看，13 年过得很快。这 13 年，我们每一名航天员都在紧张备战，都在为梦想而坚守，都在为使命而拼搏；这 13 年，中国航天人一步一个脚印地将梦想变为现实，我也在追逐梦想的征程中不断前行。13 年坚持训练，13 年执着奉献，13 年热切期盼。上次飞行的惊喜仿佛还在眼前，我又将重返浩瀚太空、俯瞰美丽家园，建造空间站，建成我们自己的太空实验室，我将集中精力、全力以赴完成任务，不负崇高使命与期望重托。

记者问：2008年，神舟七号任务时，你与同事一起完成了中国首次空间出舱任务，当时你曾经说过，"即使回不去，也要让五星红旗在太空高高飘扬"，给国人留下了非常深刻的印象。这是你第二次执行任务，这次会有多次的出舱活动，你对这次出舱有着怎样的期待？太空行走你做了哪些准备？

我回答：能够共同完成中国首次出舱行走，是我们无上的光荣。"神七"任务时，我们经历了一些险情、一些困难，当时我们只有一个信念，就是无论如何，也要坚决完成任务，一定要让五星红旗在太空高高飘扬。最终，我们做到了。这里，要向我亲密的战友，志刚、海鹏致敬！

正如你所说，这次任务出舱时间大幅增加，而且是多次出舱，任务更加复杂、艰难，我相信，挑战和考验也不会缺席，为此，我们进行了严格、系统、全面的训练，无论困难多大，风险多高，任务多重，我坚信，有专业人员的地面支持，有我们乘组三位帅哥的密切配合，我们一定满怀信心，迎接一切挑战，特别是身着我国研制的新一代"飞天"舱外航天服，我们会完成好每一次出舱任务，浩瀚太空必将留下更多的中国身影、中国足迹。

谈到期待，我的期待，也是你们的期待，当我站上机械臂，面向茫茫宇宙，极目璀璨的银河，环绕光艳夺目的天宫，我期待亿万国人随我们一起体验"我心飞翔"！

记者问：可预料的困难有哪些？

我回答：第一个难点是快速交会对接。我们现在已经有航天器快速交会对接的能力。神舟十二号飞船进行快速交会对接后，我们将马不停蹄地进入空间站核心舱，这时候很考验航天员在太空的身体适应能力。在适应的同时，我们要拆盖板、将货包取放归位，建立生活工作环境、维护生命保障系统正常运转。

随后，为了准备第一次出舱，我们要提前准备。连续两次出舱任务，间隔时间也很短。出舱过程中，将进行首次人和机械臂的协同配合。机械臂只是大范围地摆动，把航天员载到舱外作业点附近。在舱外作业点进行精细操作，一个人携带的工具有限，操作难度大，有可能需要另一名航天员配合，两个人共同到作业点把任务完成。因此，这既考验机械臂操作的可靠性、安全性、灵活性，是否会和舱壁发生碰撞等，也考验航天员在舱外的配合能力。

这些对我们来说都是第一次。我们在地面做了大量的准备工作，协同演练配合。实际执行过程中，是否能够那么顺利，无法预知。我们在地面苦练、巧练，在太空时也要严格按照手册执行，现场操作时还要充分发挥航天员的主观能动性。

记者问：作为搭档，你们互相评价一下吧。

聂海胜回答：我和刘伯明都是首批航天员，在一起工作 20 多年。大家都很熟悉刘伯明。他非常聪明、敬业，喜欢动脑筋，对于一些细微操作研究得非常透彻，对团队的训练、任务提出了很多合理化建议。我很愿意和他共同完成任务。

汤洪波是我国第二批航天员，曾是神舟十一号任务的备份航天员，经过了严格、系统的训练，在 5 年前就具备执行飞天任务的能力。"神十二"任务是首次空间站载人飞行任务，要做大量的空间站关键技术验证。他进入这个乘组，说明专家对他非常认可。汤洪波平时对自己要求比较严格，非常谦虚好学，性格好，我对他充满信心，非常信任。

我回答：聂海胜执行过两次飞天任务，经历过多天飞行，"神十"任务进行过交会对接，经验很丰富。他是这次任务指令长的最合适人选。

我执行过"神七"出舱任务，对出舱任务很有信心，这些年也一直在准备空间站任务。我们既有分工，也会密切配合。

汤洪波训练非常刻苦，工作踏实可靠，他这种认真的劲儿、肯吃苦的精神值得我们学习。他相对年轻，在电子信息、网络等操作方面能够和我们互补。我们对他非常信任。

汤洪波回答：这次是我的首次飞行，很荣幸能够和聂海胜、刘伯明一起飞行，他们都有过飞行经历。聂海胜执行过"神六""神十"的飞行任务，刘伯明执行过"神七"的出舱任务。在"神十二"任务的准备过程中，他们非常严谨、细致、认真，我要学习他们的冷静、坚定、果断、沉着。尤其是他们都是多次飞天、多次备份，还一直为"神十二"飞行训练、准备。这就是一心只为飞天，一生只为飞天，这种精神值得我学习。我对这次任务充满信心，也充满期待。

记者们的问题多是围绕任务本身提问的，回答也没有什么困难。我们对任务充满信心，我们的信心来自多年的刻苦训练，也做好了一切准备。我平时是一个性格很开朗的人，也继承了东北人幽默的性格，回答记者提问时我说了"帅哥""我心飞翔"这些词，在场的很多人都笑了起来。

　　记者见面会刚一结束，我就收到了家人的一首壮行诗，这是我83岁的岳父写的，他一直是我学习的榜样。作为师范学校的校长，岳父对退休后的生活积极乐观，也一直非常关注祖国的航天事业，每次有发射任务他都会即兴作诗。这首诗给了我无穷动力，也深深感受到家人的温暖。

　　就要启程飞向太空了，我再次感慨万千。13年的奋斗历程，一路的坚持，让我深深体会到了"脚踏实地，仰望星空"的含义。

刘伯明与岳父母

梦，又一次启航

——为伯明再度飞天壮行

张玉森

承载神七的辉煌，

厚积十三年的守望，

终于迎来了——

又一次新的启航……

把追求放飞到浩瀚天宇，

把担当刻在刚毅的脸庞。

看英雄铁骨铮铮，

听誓言掷地铿锵。

依偎祖国滚烫的胸脯，

张开航天强国的搏击翅膀。

我们聆听你震撼太空的足音，

我们仰望你炯炯如炬的目光。

党的殷殷嘱托，

英姿勃发的军魂，

必将在天和，

奏出美妙的交响！

万缕情牵，

大爱无疆，

祈盼你，追梦天宫啊，

再度谱写浓墨重彩的篇章！

世界载人航天发射场什么样？

目前，世界上拥有载人航天发射场的国家只有美国、俄罗斯和中国。

美国的载人航天发射场设在了卡纳维拉尔角空军基地，它是美国最早的航天发射场，于 1949 年开始建设，位于佛罗里达州东海岸，有多达 40 多个发射工位。美国早期的载人航天器都是从这里发射的，1961 年 5 月 5 日，艾伦·谢泼德乘坐水星 3 号飞船，由水星－红石火箭发射升空，进行了美国第一次亚轨道飞行；1962 年 2 月 20 日，美国第一位进入环绕地球轨道飞行的航天员约翰·格伦，也是从这里乘坐水星 6 号飞船由大力神火箭发射起飞的。

1962 年，美国将发射场扩展至梅里特岛，1963 年 11 月将其命名为肯尼迪航天中心，增建 34 号、37 号和 39 号发射区，用于发射卫星、深空探测器、载人飞船、航天飞机。1968 年至 1972 年，所有登月的阿波罗飞船都是从 39 号发射区发射的。

俄罗斯的载人航天发射场是拜科努尔航天发射场。该中心是由苏联于 1955 年在哈萨克斯坦西南部半沙漠的丘拉坦姆地区开始建设的，整个发射场东西长 137 千米，南北长约 86 千米，是世界上最大的航天发射基地。苏联解体后，该发射场归属了哈萨克斯坦；俄哈两国签署了租借协议，俄罗斯租借该发射场至 2050 年。该中心具有很多辉煌的世界第一，包括：1957 年 10 月 4 日，世界上第一颗人造地球卫星从这里发射并进入太空，开创了人造航天器进入太空的历史；1971 年 4 月 19 日，世界第一座空间站——礼炮一号空间站，从拜科努尔航天发射场发射升空，开始了人类长期载人航天器的时代；1998 年 11 月 20 日，国际空间站第一舱段曙光号功能货舱也是从这里发射升空，开启了太空大厦的组建序幕。半个世纪以来，联盟号飞船一直是向太空往返运送航天员的主要载人航天器，所有的联盟号飞船都是在拜科努尔航天发射场发射起飞的。

中国共有四大航天发射场，目前的载人航天发射都是在酒泉卫星发射中心实施。该中心实际位于内蒙古西部阿拉善盟的额济纳旗，始建于 1958 年，是我国最早建成的导弹、运载火箭发射场，曾为我国航天事业的发展创造过许多第一。1970 年 4 月 24 日，我国第一颗人造地球卫星东方红一号使用长征一号运载火箭从这里发射升空，拉开了中华民族探索宇宙奥秘、和平利用太空、造福人类的序幕；1999 年 11 月 20 日，长征二号 F 火箭在这里成功发射神舟一号飞船；2003 年 10 月 15 日，长征二号 F 火箭也是从这里成功将航天员杨利伟送入太空，中国成为第三个能独立开展载人航天活动的国家，杨利伟也成为我国首位进入太空的航天员。该中心海拔 1000 米，占地面积约 2800 平方千米，拥有完善的综合发射设施，主要分为技术区和发射区两大部分。

神舟十二号和神舟七号任务有哪些不同?

我共执行两次飞天任务,第一次是 2008 年执行神舟七号任务,为期 3 天;第二次是 2021 年执行神舟十二号任务,为期 92 天。

"神十二"任务和"神七"任务相比,最大不同在于出舱活动。"神七"出舱主要是验证舱外航天服出得去,回得来,能够进行较为简单的舱外作业。舱外活动只有 19 分钟。

"神十二"任务要执行两次出舱任务作业,第一次出舱任务是在 7 月 4 日,出舱的是我和汤洪波,聂海胜在舱内配合我俩,主要是为机械臂安装上臂支架,包括脚限位器、工具台等,随后借助机械臂进行移动,抬升舱外全景摄像机,完成应急返回验证,总用时约 7 个小时;第二次是在 8 月 20 日,我和聂海胜执行出舱任务,汤洪波在舱内配合。主要任务是安装舱外的扩展泵组,抬升另一个舱外全景相机,组装舱外的工具箱,总用时 5 小时 55 分。

为"神十二"任务进行了哪些训练？

神舟十二号任务要在太空驻留三个月，时间大大延长了，而且本次任务是空间站建设阶段的首次飞行，是开跑空间站阶段的飞天"第一棒"，安排了两次出舱活动，出舱活动时间也延长了不少，所以这次任务更加艰巨。

为了完成这次任务，我们在地面进行了很多强化训练，每名航天员的训练均超过了 6000 学时，特别是针对空间站技术、出舱活动、机械臂操控、心理以及在轨工作生活开展了重点训练，包括航天员超重耐力与适应性训练、航天员前庭功能训练、航天员着陆冲击训练、低压舱训练、模拟失重水槽训练、航天员救生训练等。

低压舱训练风险最高，因为是真空环境，为此中心进行了多次针对特殊情况的训练，来考验我们的心理承受能力，以及在这种特殊环境下的反应能力和纠错能力，是不是每次都能做到百分之百正确。

最苦最累的是模拟失重水槽训练。模拟失重水槽是模拟太空失重环境必不可少的重要设备，为保障航天员太空行走任务，航天员需要在模拟失重水槽进行大量训练，掌握失重状态下运动的协调性和姿态控制，以及空间运动、空间操作、运送货物和维修作业等活动的方法技巧。人体密度和水接近，在水下重力和浮力基本抵消，合力为零，与失重状态相似，因此航天员们花了很多时间在水下模拟太空行走。在太空行走时，航天服里充的是纯氧，浮力水槽训练充的是空气，要给服装加压到 1.41 个大气压，这时航天服就沉不下去了，所以为了能沉下去，需要坠上 60 多公斤重的铅块，服装本身是 120 公斤，加上自身的体重 60 多公斤，在水下所有的移动、运动、姿态改变全由双手完成。一套水下训练服的使用寿命也是有限的，因此每次下水都十分珍贵，有时水下训练在 6 小时以上，等训练结束上岸，我们已经是大汗淋漓、身体疲劳得快到极限了。

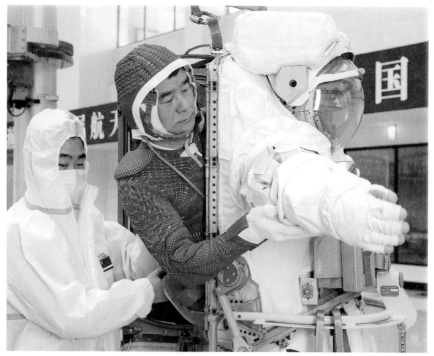

出舱水下试验——检查服装

出舱水下试验——进入服装

水下训练

出舱水下训练

模拟失重水槽

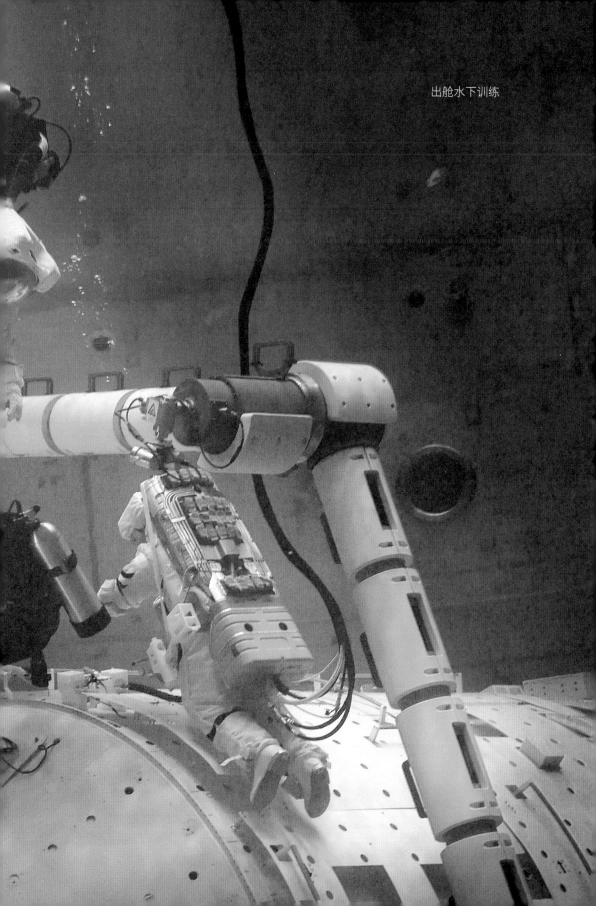

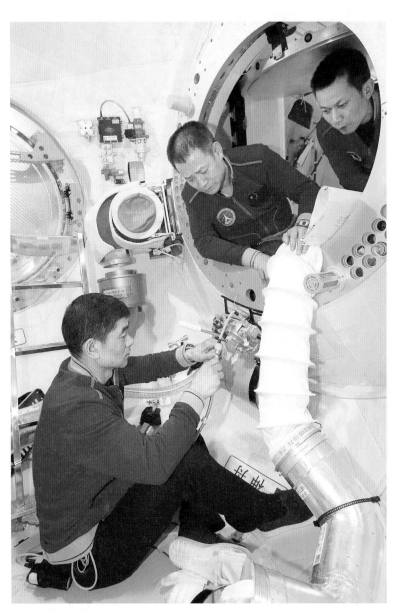

核心舱模拟训练

交会对接模拟

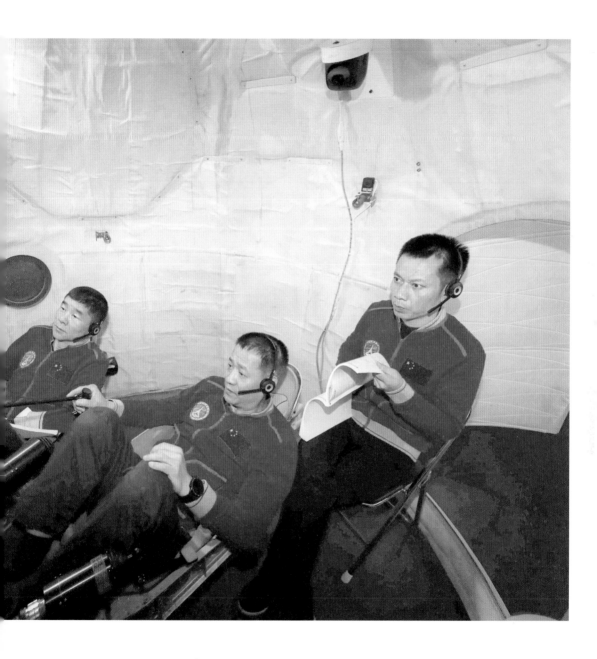

航天服适配性试验

核心舱医学机柜模拟训练

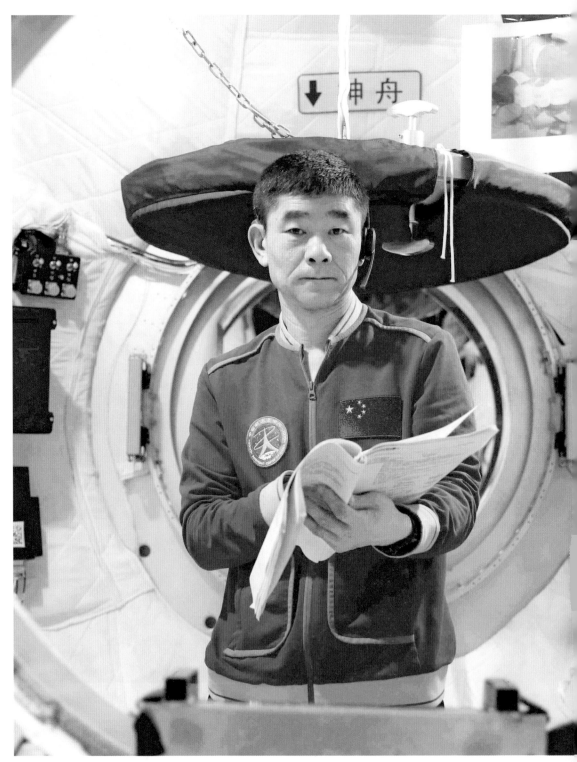

核心舱故障排除考核

乘组 EVA 训练

第二章

出征时刻

绵延几公里的出征道路两旁，全部站满了前来送行的人，他们高举起手臂，舞动着彩旗，一遍又一遍地高唱着《歌唱祖国》，嘹亮的歌声一直不断，那是一个无比热烈的海洋。那一刻，我深深感受到了来自航天城所有人的真情、热情和亲情。

第 4 篇

2021年6月17日

06:30

旭日东升，晨曦初露，戈壁大漠天气状况良好。清晨，工作人员把我们从睡梦中叫醒。昨晚睡得特别踏实。简单洗漱后，我们到餐厅用餐。餐毕，和海胜、洪波等人一起碰了杯。杯子发出的声响就像号令，清脆悠远。我们要出征了。

出征仪式在问天阁广场如期举行。

6 点 30 分，我和聂海胜、汤洪波从问天阁侧门出来，到达圆梦园广场。这个时间对于祖国西部大多城市来说，天才蒙蒙亮，但是在一马平川的戈壁滩上，太阳已经露出了温和的笑脸。刚刚升起的太阳光横射过来有点刺眼，但那种感觉令人心旷神怡。

阳光从东方照过来，将三人的身影投射到背后的出征墙上。墙上挂着我国历次飞天的航天员的大幅肖像，他们在金色的朝阳中微笑，仿佛在为我们送行。我期待着身披朝霞出征。

我们三人立正，指令长聂海胜向中国载人航天工程总指挥、空间站阶段飞行任务总指挥部总指挥长李尚福报告：

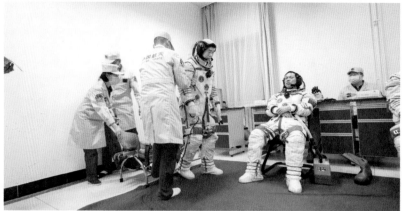

凌晨4点19分穿舱内航天服

凌晨4点42分流程演练

凌晨5点24分准备完毕

"总指挥长同志，我们奉命执行神舟十二号载人飞行任务，准备完毕，请指示！中国人民解放军航天员大队航天员聂海胜！"

"航天员刘伯明！"

"航天员汤洪波！"

李尚福一声令下："出发！"

我们异口同声回答："是！"并向总指挥长敬礼。

激昂的音乐响起，是《歌唱祖国》，两旁的欢送人群高呼："向航天员学习！向航天员致敬！祝你们成功！"

报告出征完毕，我们乘车前往发射塔架。一路上，摩托车礼宾护卫队为我们护航。摩托车护卫是我国最高规格的礼仪之一，历次载人航天发射任务均由骑警驾驶摩托车护卫飞行乘组至发射塔架，以表达对航天员的最高敬意。

以往的出征，只有问天阁广场站满欢送的人群，而这一次，当我们车队驶出问天阁广场时，才发现广场外面比里面更壮观。车队陆续经过东风航天城的标志性建筑——航天纪念塔和酒泉卫星发射中心的标志性景观彩虹桥，绵延几公里的出征道路两旁，全部站满了前来送行的人，他们高举起手臂，舞动着彩旗，一遍又一遍地高唱着《歌唱祖国》，嘹亮的歌声一直不断，那是一个无比热烈的海洋。那一刻，我深深感受到了来自航天城所有人的真情、热情和亲情。

在激昂的奏乐声里，在热烈的送行人群中，我感觉此刻的刘伯明已经远远超越了自我。我们代表的是航天员这个群体，我暗

出征

暗发誓，一定以最完美的状态把任务完成好，为全国人民争光，为航天事业争光！

带着这样的真情、热情和亲情，我们登上了神舟十二号飞船，这是我第二次以出征航天员的身份登上这座冲天的巍巍塔架。此前训练时也来过很多次，但唯独出征的感觉有所不同。航天员进舱是在塔架的第九层，再上面就是运载火箭的逃逸塔，可以在紧急情况下救生。当然，这是科学的安全措施，谁也不希望这种状况出现。

到达发射塔架后，我们搭乘电梯上到塔架九层平台的神舟十二号飞船舱口的位置。

俄罗斯航天员出发前会在加加林雕像前驻足。一是敬礼，二是会下来在汽车轮胎上小解。据说，俄罗斯这个传统源自尤里·加加林，1961 年第一次前往太空时，在前往发射台的路上，他憋不住了，就冲着大巴的右后轮胎小解了一次。他没想到，这个无意之举，竟然成了一个宗教仪式般的独特传统，在后续 60 多年内，被在此出发的航天员们照搬。

关于这个传统，我没有向国外的航天员核实过，据说是由于苏联早期的航天服没有尿液排放系统，航天员要在进入飞船之前排尿，当时荒凉的拜科努尔航天发射场没有遮蔽物，加加林只好对着汽车轮胎解决。有意思的是，听说现在不仅俄罗斯航天员这么做，搭乘俄罗斯飞船去往国际空间站的其他国家的航天员也会这么做。

航天员提的方箱子是做什么用的?

大家可能都留意到了,航天员出征的时候,每个人的左手上都提着一个小方箱子,按我们专业的说法,称其为手提式"空调"。我们神舟十二号乘组当然也不例外,从穿上舱内航天服的时刻开始,就要用左手提着这个小方箱子,这是因为舱内航天服具有气密性,通风效果不佳,便通过一根软管与便携式航天服通风装置连接。这个小方箱子其实就是一个手持的小型便携通风装置,带电源和风扇,为航天服提供一定的通风量,来保证航天员时刻处于温度舒适的状态。

但是,这个小方箱子并不会随我们上太空。我们进入载人飞船之前,就会将其交给塔架平台工作人员保管。我们在飞船舱内座椅上就位后,通风软管会被转接到飞船的环控生保系统的服装风机上,由服装风机为舱内航天服通风。

但是,神舟十三号三位航天员与大家见面时,手上没有提着便携式通风装置。原因是神舟十三号飞船发射时间是 2021 年 10 月 16 日,酒泉卫星发射中心在发射前几天气温已经下降到不足 10 摄氏度,夜间甚至跌至零下,再加上舱内航天服经过了多次改进,所以神舟十三号航天员在出征仪式上就不需要便携式通风装置为航天服通风了。

航天服上的白色布包装了什么？

一个偶然的机会，一位刚认识的朋友很神秘地问我：听说航天员上天的时候是携带了武器的，放在出征航天服上的口袋里面。当时我听到，觉得太有意思了。我们腰间是都挎着一个白色布包，但里面并不是武器，而是舱内航天服生保和通信设备的接口。航天员在进入飞船之后，需要将它与座舱系统对接，以便地面控制中心随时监测航天员的健康状况，而且这个小布包里是装不下手枪的。不过航天员乘坐的返回舱里确实携带有自卫用的工具，都存放在返回舱座椅旁边的两个橘红色救生包里，航天员伸手可及。

航天服上的腕表有什么特别？

舱内航天服和舱外航天服上都有一个腕表。腕表对于航天员是不可或缺的，是最可靠的计时保障。太空的环境颇为复杂，要面对真空、低温、强辐射等情况，这对于腕表的质量、走时精度等都有着极高的要求。腕表需要突破正负80摄氏度的极限温差，防磁性能方面更是超越国标10倍。在太空中，我们是无法分辨"上午／下午"的，腕表上也将日期改为了"AM/PM"的模式。

航天员出征前怎么体现"中国味儿"？

我们航天员在出征当天，有一个"非常中国"的传统仪式，就是吃包子。出征仪式前要做很多准备工作，时间紧迫，包子吃起来方便快捷，同时也是因为圆圆的包子有"任务圆满""包你成功"的寓意，所以吃了包子心里更踏实。

除了吃包子，我国航天员在发射前还会在居住房间的一扇木门后写下自己的名字和出征时间，这一行为承自中国太空第一人杨利伟，在酒泉卫星发射中心问天阁的宿舍门后签名，也演化成了传统仪式。

3名航天员是怎么分工的？

大家一直很好奇，我们3位航天员是怎么分工的。聂海胜为神舟十二号的指令长，我们都身兼数职，具体没有很明确的分工，主要看任务需求。任何单项操作，我们每个人都可以完成；任何需要两个人完成的任务，我们两两组合，3种模式都可以完成；需要3个人一起密切配合完成的，那就3人一起干，我们是一个整体。为本次任务，我们在一起训练了一年多时间，彼此之间会分享自己的经验和感受。我和海胜有过太空体验，知道地面和天上的操作有什么区别，操作会更加严谨，同时我们会和第一次上太空的洪波交流、沟通。

第 5 篇

2021年6月17日

07:12

距离火箭点火发射还有 2 小时零 10 分钟，我对守候在飞船舱门前的总装师傅道了声："辛苦！"随后，我们乘组开始依次进入神舟十二号飞船。

我们是从轨道舱进入，再到返回舱。汤洪波是第一个进舱，坐在了左手边的座位上。随后我进入，坐在了右手边的位置上。聂海胜最后一个进舱，他在进入轨道舱后，并没有直接进入返回舱，而是开始对轨道舱进行检查。轨道舱检查完毕后，他才进入返回舱，坐在了中间的指令长位置上。整个入舱过程中，都要非常小心，这一方面是要保证自身的安全，另一方面也是要保护飞船内的设备。

进入飞船后，和我们保持对话的就只剩下地面的指挥员了。在舱内，火箭点火起飞前，我们还要开展一系列的准备工作，按照检查清单分别在各位置对照查看设备、仪表、开关工作状态，确认无误后签字传递出舱。我对两个舱门关闭情况及压力服气密性进行了检查。检查完毕后在寂静中等待。等待期间，我就在大脑中演练接下来各环节的工作。

不同于第一次任务，这次进舱后心情一直特别平静。问天阁出征的画面仿佛已过去很久，心里一直在想：难得抓住了二次问鼎苍穹的机遇，究竟都能做什么呢？

坐在神舟十二号飞船里，我周边的空间并不宽敞。但不能否认，经过这些年的历练，神舟飞船早已成为成熟的天地往返运输工具。这次任务是神舟飞船时隔五年再赴太空，没有执行任务的这些年里，神舟系列飞船已经完成了进一步的优化升级，综合能力得到了很大的提升。在这次任务中，神舟十二号载人飞船将实现在轨停靠 3 个月，这个停靠时间也超过了此前的任何一次。

托举飞船的是长征二号 F（以下简称"长二F"）运载火箭，上边是火箭的逃逸塔。逃逸塔，顾名思义，危难时刻靠它"虎口脱险"。长二 F 运载火箭在载人航天工程中立项最早，在长征火箭家族中，它的使命也非常特别。如果说其他长征火箭是在发射重量和高度上开疆拓土，那么长二 F 运载火箭则花更多精力用来淬炼自我。因为它是唯一一个要把"人"送上太空的火箭，生命安全至关重要。

长二 F 运载火箭其实有两兄弟，为满足载人航天工程发射载人飞船和目标飞行器的要求，长

长二 F 运载火箭整装待发

二 F 运载火箭设计成两种状态，一种用来发射载人飞船——我国所有载人飞船都是用它来发射的，另一种用来发射目标飞行器或空间实验室——天宫一号和天宫二号就是由它送上太空的。用于发射载人飞船的长二 F 与其他火箭最大的不同是顶部有逃逸塔，当火箭发生故障时，它可以使箭船分离，带着航天员脱离险境。

载人航天，人命关天。神舟十二号飞行任务带来了新变化，开启了天地结合的应急救援任务模式。就在我们等待火箭起飞的时候，还有一枚长二 F 运载火箭和一艘神舟载人飞船在厂房待命。等我们发射成功之后，待命的火箭和飞船就进入应急发射待命状态。一旦航天员在天上遇到危险又无法乘原飞船返回地球时，比如在太空中被碎片击中或不能正常脱离空间站，待命的火箭和飞船最快 8.5 天就能发射出去，前往太空实施救援。这种应急发射待命状态要持续 3 个月，直到我们顺利返回地球。

我们 3 人乘坐的飞船重量约为 8 吨，为了把这 8 吨送上天，所使用的火箭竟然重达 497 吨，还需要发射场、测控通信等等多个系统的全力配合，更不用说参与制造这些国之重器的千千万万的中国人民。此刻，感觉身上承载着的是人民的重托，我们就是"全村的希望"。我平复心态，做好了起飞准备。

神舟飞船是由哪些舱段构成的？

神舟飞船由三个舱段构成，即推进舱、返回舱（中间的倒扣金钟的形状）和轨道舱。全长 9 米，最大直径为 2.9 米，重量大约 8 吨。

推进舱负责给飞船提供动力和能量，相当于发动机，在舱壁上有一对太阳能电池帆板，底部装有 4 台发动机，用于飞船的姿态控制、变轨等。

返回舱是供航天员在发射、交会对接以及返回阶段使用的。返回舱的内部空间并不大，直径大约 2.5 米，空间大约为 6 立方米，最多可以容纳 3 名航天员。通过看电视直播，大家应该很熟悉 3 名航天员在等待起飞的画面，这就是返回舱。

相比返回舱，轨道舱就要大一点了，是航天员的临时工作室，中间的通道有 0.9 米宽，通道两侧有仪器设备，轨道舱前端还有一个圆环，这是和核心舱对接的结构。对接完成后，航天员可以通过一个 0.8 米直径的对接通道，进入到天和核心舱。

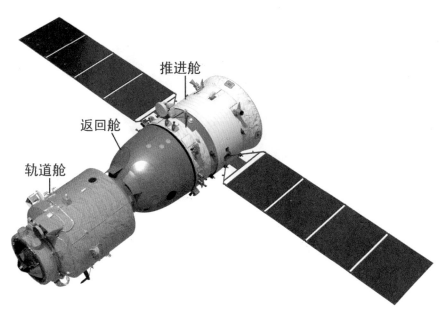

推进舱

返回舱

轨道舱

神舟飞船结构示意图

第 6 篇

2021年6月17日

09:22

坐在舱里，没有听到倒计时的洪亮声音，飞船就在火箭点火升腾起的烈焰中起飞啦！这一刻，我很平静，内心无任何起伏，心跳也都保持在每分钟 60 次左右。

想到第一次太空飞行时，随着过载的增大，我相应地做了一些对抗动作，结果造成入轨时很累。我们在地面做离心机训练时，过载可达 8 个 g，火箭上升段实际约为 3~5 个 g，一般超过 3 个 g 要做辅助呼吸。第一次飞行时缺乏经验，提前秉着一口气，点火后才发现，过载不是骤然增大，而是一点点增大的，不用刻意去对抗它。

这次我完全放空自己，让上升段变成我的休息时间，只是在火箭整流罩分离时刻向外看了一眼。汤洪波像我第一次执行任务时一样，反复地向舷窗外看，觉得一切都很不可思议。

改良后的火箭飞行非常平稳，以往的锯齿形过载曲线也不明显。在本次任务中，长二 F 火箭有 108 项技术状态变化，每一项都非常细小，但都致力于让火箭变得更安全、更强大。比如，增加起飞滚转状态，让火箭可根据任务需求随时更改射向，提高灵活性，不必拘泥于地面设施的方位；增加逃逸塔逃逸方向，解决返回舱在逆风等情境下可能被重新带回危险区域的问题；更改逃逸安控体制，将火箭上的安控指令接收机和逃逸塔上的逃逸指令接收机合二为一，改为逃逸安控指令接收机，提高火箭的自主性和抗干扰能力；细化火箭二级尾舱中的力学环境，从较为笼统的温度、震动、压力、冲击等要求，改为精细化数据，让每个系统单机进一步"有法可依"，提升火箭的可靠性；提高发动机传火孔裕度，让火工品的作用力进一步扩大，避免出现点火失败的情况；改进二级油机推力室喷柱口，让推进剂燃烧得更充分，保证发动机比冲……如此种种，不胜枚举。

火箭飞出了大气层，二级发动机关机后不久，我们携带的日记本和笔率先飘了起来。人从座椅上也开始渐渐抬升。啊！再一次失重了，三个月的太空之旅现在开始了！

难道大脑中有上次失重的记忆？这次一点也没有感觉不适，向左右摆动头也没有明显的变化。地面告诉我们不要转头，就算转头也要身子和头一起转，上次没有完全适应，飘起来后转头会头晕、恶心，这次就没有了这种感觉。看来外太空也喜欢迎接老朋友啊！

我平时并不写诗，但每逢经历这些大事，情感积聚到一定程度就想要抒发出来，诗歌恰好是抒发情感的很好方式。这就好比画家游览名山大川、体验生活，本质上就是去抓取灵感。我现在就感觉很有灵感，有吟诗一首的冲动。

赞神舟十二号发射成功

又一次聚焦世界的目光，

又一次书写历史的辉煌，

又一次铸就伟大的勋业，

又一次收获金色的渴望。

烈焰中跨出超越时空的脚步，

帆板展开共和国腾飞的翅膀。

空间站里填满万丈中华豪情，

铁血儿女激动得热泪盈眶。

亿万双手托举起中国的希冀，

航天人圆了沉甸甸的千年梦想。

祖国用她那博大而温馨的胸膛，

为神十二搭起最安全的屏障。

中国空间站紧敲民族复兴的鼓点，

华夏高奏新时代雄浑的交响！

在失重环境中，人体会有什么奇异的感觉？

很欣慰的是，两次太空飞行任务期间，在失重环境中，我和我的战友们在非常短的时间内就适应了失重环境，能熟练自如地运动了。而且我还感觉人体对失重环境是有记忆的，"神十二"任务中一进入失重环境，熟悉感扑面而来。

在失重环境中，感觉肯定不同于地面重力环境，主要是因为人身体上所有与重力有关的感觉器官都会发生变化，四肢感觉不到重量，人体感觉不到头部活动，比如当航天员用手推拉航天器舱壁时，感觉不到自己的前后运动，会认为航天器在前后运动，自己是静止不动的。这会发生很多有趣的事情，尤其是在进入空间站之初，会不由自主地把物体放在一个平面上，反应过来的时候，东西已经飞起来了；还有就是转身，在地球上只是做一个简单的转身动作，而在空间站上，同样的动作，你就转身飞向了某个设备或者墙壁。对我个人而言，失重的感觉还是很美妙的，像自由飞翔的感觉。

从空间站的摄像头看，航天员的脸都有点浮肿。这是因为在地球上，血液沉积于下半身，当处于失重环境时，体液会重新均匀分布到全身，会导致面部浮肿，鼻腔和鼻窦充血，鼻子不通气，也会出现头晕、目眩、恶心、困倦等症状。体液的转移会使航天员出现血浆容积减少，血液浓缩，从而导致贫血。微重力环境对于人体的肌肉、骨骼也有一定的不良影响。

第三章

入驻天宫

直到今天，中国人终于开始搭建真正意义上的『天宫』。我感到非常荣幸，我即将成为最早踏入『天宫』的中国人。我仿佛看到『天宫』已经向我敞开了『南天门』。

第 7 篇

2021年6月17日

这次任务和之前有所不同。当前，中国空间站"天宫"全面拉开了建造大幕，"天宫"最重要的组成部分——天和核心舱已经于今年4月29日成功发射，后续还要陆续发射其他几个舱段。神舟十二号飞船是第一艘到访"天宫"的载人飞船，我们三人也将是首批入驻"天宫"的航天员。

　　在中国，"天宫"老少妇孺皆知，但都源于以《西游记》为代表的神话故事。直到今天，中国人终于开始搭建真正意义上的"天宫"。我感到非常荣幸，我即将成为最早踏入"天宫"的中国人。我仿佛看到"天宫"已经向我敞开了"南天门"。

　　神舟十二号航天员选拔训练和前几次也有所不同。神舟十二号任务是空间站任务首次载人飞行，且须进行空间站任务首次出舱活动，对航天员身心素质、知识技能，特别是应急与故障处置能力提出了更高的要求。从2017年3月开始，航天员训练就全面转入为空间站任务做准备，新增了空间站技术训练、机械臂技术训练，强化了出舱活动训练、应急与故障处置能力等训练。

　　早就知道"天和"很大。天和核心舱发射后，我看到很多有趣的比喻，有人说，有了"天和"，航天员在太空改善了住房，再也不用挤在狭小的空间里了。的确如此，天和核心舱的活动空间是天宫二号空间实验室的3倍，配备了3个独立卧室和1个卫生间。回想起2008年的太空飞行，我们挤在狭窄的飞船里，对于入驻"天和"，我的内心就更加充满了期待。

神舟十二号飞船和长征二号F火箭分离后要进行多次变轨。太空中，我们的飞船像一只翩然起舞的蜻蜓。透过飞船的窗子可以看到天和核心舱，在蓝色地球的背景衬托下，它也发出蓝色的光晕。神舟十二号入轨后，将采用自主快速交会对接的模式对接于天和核心舱。我们把两个航天器在太空对接形象地称为"太空之吻"，这也是中国人独特的浪漫。接下来，我们将要迎接的就是"太空之吻"。飞船和核心舱在逐渐地靠近，它们就像两个初次见面的人，在不断确认中调整自己的位置和姿态，越来越近了。

期间，我们三人还打开返回舱舱门进入轨道舱小解了一次。其实针对中间要不要进入轨道舱这件事，我们在地面进行了讨论，几个乘组还持有不同的意见，有的乘组选择一鼓作气坚持到最后，有的乘组选择中间返回一次。因为如果要进入轨道舱，就要脱穿一次压力服，还要开关一次舱门，在太空这算是一件麻烦事儿。我们乘组三人达成了一致意见——中间返回一次，因为憋尿时间过长对身体不利，何况现在时间还充裕，且轨道舱空间较大，换换空间就当放松一下。

15点54分，神舟十二号飞船与天和核心舱对接完成，我坐在座椅上，感觉被推了一下——对接中的撞击比想象中的轻微一些。整个对接过程只用了 6.5 小时，此前大约需要 2 天。从 2 天到 6.5 小时，仿佛从绿皮车坐上了高铁，航天员再也不需要在狭小的飞船返回舱内进行漫长的等待了。

打开返回舱舱门进入轨道舱，换好工作服，我们便向空间站进发。一路地开门，就像科幻电影里一样。与电影里不一样的是，我们要边走边摄像，摄像是为了留档记录，这些影像会实时下传，因为一些关键部位的操作需要让地面人员看到。

18 点 48 分 50 秒，核心舱双向承压舱门打开，我们三人鱼贯而入。三人立定面对镜头敬礼。至此，我们穿越了星河，来到了太空家园。这里有个小插曲。我后来看录像时，发现从节点舱向大柱段飘的过程有点搞笑，因为空间站的大小柱段空间比飞船要大，我们从飞船进入空间站，犹如从"一居室"进驻了"大别墅"，突然失去了方向感，只顾着朝大柱段的固定摄像机飘，结果我面朝IV象限①就漂移过去了，摄像机捕捉到的关于我的画面就是整个身子从镜头前飘过，并没有捕捉到我的面部表情。

中国人首次进入了自己的空间站，出差的目的地安全抵达。古人云：朝辞白帝彩云间，千里江陵一日还。今天，我们穿越的不是长江而是星河，但同样是一日即达。有网友说我们是"在地球吃早餐，在太空吃晚餐"。很难想象，一天不到，我们就站在了迄今为止中国发射的最大空间站组合体内。天和核心舱在中间，神舟十二号载人飞船在前端，天舟二号货运飞船在后端，三个航天器一字排开，在太空尽情翱翔。

———————
①在太空中，用"象限"确定方向和位置。

虽然很晚了，但依然有很多工作要做，这是万万不能推迟的。比如，我们呼吸用的氧气必须启动电解制氧子系统，卫生间也要组装起来，还要安装调试医学信息管理主机，等等。刚到太空家园，位于大柱段和小柱段之间的厨房还是"家徒四壁"的状态，微波炉、热风机、饮水机、冰箱等都还在舱壁里边"藏着"，等着我们把他们"找"出来。我们拆开固定它们的板子，把它们——取出，拿到厨房，重新固定好，然后接通电源，一番操作下来，厨房就有模有样了。

布置太空家园的过程并不轻松，需要我们拆卸很多块盖板，并完成各种安装和调试，且期间必须稳妥行事，防止磕碰，所以整体下来，工作量还是很大的。开始，我和海胜一起拧螺钉，洪波也要过来帮忙。干了一会儿他就觉得不舒服，看到他脸色不对，我提醒他要放松，停下来休息一下。但他只休息了片刻，就再次加入我们热火朝天的包裹拆装工作中。我真佩服他的承受力。

夜里12点多了，终于累得无法再坚持下去，我们开始整理睡眠区，简单地取出睡袋后钻进去睡觉。没想到空间站第一天竟然这么累，累到进入睡袋后，甚至都没有来得及捆自己就睡着了，也不知道头朝哪个方向。

入轨第一天就这么匆忙过去了，感觉连星星都没来得及看。但我知道，蔚蓝色的地球就在那里，月亮也悬挂在不远处，窗外的美景陪伴我进入了梦想。

一觉醒来，即兴赋诗一首：

再叩苍穹

再叩苍穹方觉晓，

十二年间，

苦乐知多少？

置身天宫世界小，

对比浩瀚宇宙，

地球真美妙。

划破苍穹，

天和深空绕。

在空间站如何睡觉？

中国空间站上给每名航天员设计了专门的睡眠区，拉上帘子，相当于一个睡眠单间。在单间内，都有固定的睡袋，类似于每个人旅行的睡袋，睡袋是很合身的，能限制身体的运动，可以感受到一些力，有助于我们入睡。

在空间站，睡眠感觉和地面肯定是不一样的。由于处于失重环境，人是飘着的，所以睡觉时可以站着睡、躺着睡、横着睡、竖着睡，甚至可以飘着睡。每个人的睡眠姿势不一样。我是把睡袋绑在床上面，海胜是在那飘着，洪波是一头绑着，另一头飘着。所以说我们三个人的睡眠姿势都不一样。但是不管哪一种姿势，只要能保证睡眠质量就行。我睡觉时，会使用耳塞帮助睡眠，以减弱通风扇发出的"嗡嗡"声。风扇的存在是非常必要的，主要是驱动空气，能保持空气循环，防止二氧化碳积聚到危险的程度。

我在太空睡觉时，最怀念的是躺在床上那种放松的感觉，这种感觉在空间站是找不到的，因为是一直飘着的，背部不会受力，只能等着睡意逐渐增强时进入睡眠状态。

在没有紧急任务的时候，我通常能睡7个小时，有了充足的睡眠，在太空工作比较顺畅，效率就会更高。

第四章

太空工作

放眼整个天和核心舱，大小柱段、睡眠区被我们整理得整齐划一。我们的『天宫』空间站不只是靓丽，看起来更是高大上。

第 8 篇

2021年6月18日

大家都好奇航天员在太空究竟要干些什么。其实当前阶段，我们很多工作都是围绕空间站建造进行的。要完成空间站建造并使其在轨运行十多年，必然需要很多组装工作，这些工作有些可以在地面完成，有些要靠航天员在太空完成。

神舟十二号任务是这样规划的：飞船入轨后，采用自主快速交会对接模式对接于天和核心舱的前向端口，与天和核心舱、天舟二号货运飞船形成组合体。航天员进驻核心舱，执行天地同步作息制度进行工作和生活，驻留约 3 个月后，搭乘飞船返回舱返回东风着陆场。

在这次任务中，我们在空间站有相当一部分工作是进行舱内组装。此外，航天员还要在机械臂的支持下，开展较长时间的出舱活动，进行舱外的设备安装、维护等操作作业。

刚进入空间站，感觉屋子很规整，甚至有点家徒四壁，其实"玄机"都在舱壁里。为了防止上升过程中的碰撞，空间站很多设备都用板子固定在舱壁上，所以我们入轨后，看到舱壁上的板子，就知道有得忙活了。接下来几天，都是在不停地拧螺丝钉中度过，拆卸盖板、拆包归位、安装调试设备……

我们角色多变，有时候是分拣工，有时候是拆卸工，有时候是装修工，但目标只有一个：努力把"天和"建造成我们梦想中的太空家园。

在太空失重环境中，与在地面操作大不相同。在地面，双脚站住了，两只手就可以同时干活；在太空，只能一只手干活，另一只手要抓住东西固定身体。在地面，物品可以随手取随手放；在太空中，物品不固定住就会飘走。

忙碌了一上午，肚子也饿了，第一次吃上微波炉加热的食品真的香。太空中的微波炉和地面没什么两样，但那是幸福的滋味。我们饮用的是上行水，因为再生水系统还没有启动，至少要等到4天以后收集到整箱的尿液和冷凝水，经过尿处理、水处理，才能产生再生水，检测合格后才能饮用。

地面给我们准备了充足的饮品，每天一袋茶和一杯咖啡。尽管医生嘱咐我，在轨尽量少喝咖啡、多喝红茶，但我还是想尝尝咖啡的滋味。医生分析，喝咖啡可能会使我骨质丢失加快，这个因人而异。第一次在轨喝咖啡，感觉还是不一样，精气神一下就来了。喝茶的话，水温低了一点，技术人员担心水温过高会把我们烫伤，但每次我都用加热装置，将水再次加热到我需要的温度，泡出的热茶才有味道。

建造空间站就像搬家，"神舟"系列飞船专管运人，"天舟"系列飞船负责拉货。在我们上来之前，货物已经运上来了，接下来重要的任务是打开天舟二号货运飞船（简称"货船"）的舱门，网友将接下来的工作称为"拆快递"。

我和海胜都戴好面罩和防护镜，防止因为货船环境被污染而造成伤害。打开舱门的一瞬间，确实闻到了一股怪异的味道，毕竟是封闭环境嘛，所以并不奇怪，至此，连接货船的通道就打开了。

第一步是将舱间区的风机从头顶的III象限拆下来转移到货船I象限捆绑固定，货船和核心舱就构成了通风场。这是因为货船本身不通风，需要把大柱段的风机拆下来，装到货船里边帮助通风。有了通道，我们开始拆卸盖板上的各类包裹，先取一周临时用的食品、饮水箱、服装，由于拆下来的盖板多，拿出来的货包也多，本来不大的空间很快被各类包裹充满了，想找的物品包裹就不得不推来推去，包裹也到处飞来飞去，可见忙碌程度有多高，但这种景象在地面可是见不到的。

拆下来的盖板也不好固定，因为格子里还有没取的包，只能用带子临时固定。两个舱之间的后端通道是利用率最高的地方，我把日常生活用到的各类包裹和常规医学检查、B超等医疗设备沿四周捆绑固定，细节就是要把有明确标识的一侧朝外放置，便于寻找拿取。千万别小看在空间站找东西，有时去货船取个包，明知道包在附近可就是找不到。人和包都到处飞，抓住一个大小类似的包一看不是，推开再寻找下一个。就这样，在空间站若不耗费点时间，要找个东西还真是件难事儿。

从打开货船的舱门开始，我们就这样一直干到晚上，直到地面告诉我们得休息了。仅简单地用毛巾蘸点热水洗一洗，就进到各自的睡眠区了。

谁在守护空间站里航天员的生命安全？

环境控制与生命保障系统（简称"环控生保系统"）在载人飞行任务中具有非常重要的作用，直接保障着航天员的生命安全。

神舟七号飞船的环控生保系统采用的是非再生技术，主要包括航天员活动区的环境控制，如舱内的供气调压（气体总压、含氧量）、通风净化（风速流场、二氧化碳及各种微量有害气体浓度、大气洁净度）以及温湿度控制等，还包括生活起居必备的卧室、卫生间、生活用水及排泄废弃物的收集管理等生命保障功能，同时舱内还进行了大量降噪优化工作。

神舟十二号任务是空间站建设阶段的第一棒，要在空间站内长期驻留，环控生保系统就进阶为物理化学再生式环控生保技术。这是在空间站内建立了一个类似地球环境的可循环系统，通过冷凝干燥组件收集航天员的汗液和呼出的水汽，净化为可供饮用的纯净水；通过电解制氧系统，利用循环水电解制氧；将舱内收集起来的二氧化碳和电解水产生的氢气反应，再次获得水。当前，该系统包括六个再生子系统，即电解制氧子系统、二氧化碳去除子系统、微量有害气体去除子系统、尿处理子系统、水处理子系统和二氧化碳还原子系统。

神舟十二号飞行任务时，还未安装二氧化碳还原子系统，按计划，该子系统将由神舟十四号乘组安装完成。随着技术的发展，再生环保系统会越来越好，航天员在空间站的生活会越来越舒适。

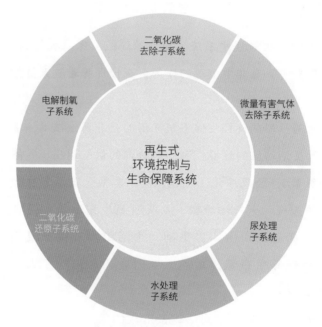

再生式环境控制与生命保障系统

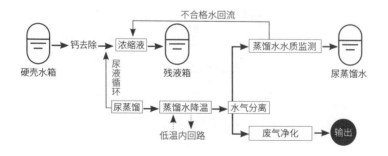

在太空如何获得水？

在中国空间站，水主要来自两部分。第一个是我们上行携带的少部分水，仅够我们前一周的饮用。第二个是我们的环控生保系统启动产生的再生水。那么再生水是怎么得来的呢？主要有两部分，一是我们收集的舱内冷凝水，包括我们产生的汗水和呼出的水分等；二是我们的尿液，经过尿处理形成的蒸馏水。在空间站，水的循环利用程度特别高，可以达到80%以上。这主要归功于我们的尿处理子系统和水处理子系统，我画了这两个系统的原理图，可以清楚地看出水处理的过程。

有朋友很好奇，喝自己尿液循环再生的水有啥感觉，实在地讲多少还是有一些心理障碍的，但其实经过层层处理的水是非常干净的，甚至比纯净水还要干净，这是航天员在空间站长期驻留的根本。

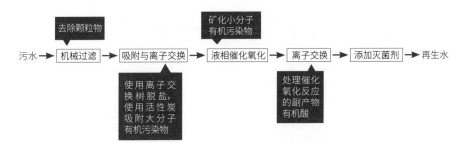

天舟货运飞船有什么功能？

我知道网友们将天舟飞船称为"快递小哥"，我觉得还是蛮形象的，但如果只称其为"快递小哥"，那对天舟的认识就太片面了。因为它除了向空间站运输物资之外，还有很多其他的功能。首先货运飞船可以被看作是一个短寿命的迷你空间站，具备独立飞行能力，可以合理利用其开展太空实验，尤其是那些有更高微重力环境要求的实验。其次控制空间站的轨道姿态也是货运飞船的主要功能，空间站如果有货运飞船对接驻留时，就可以主要使用货运飞船的发动机来提升轨道，而空间站核心舱的发动机和燃料更多是以备不时之需。最重要的是货物下行非"它"莫属，货运飞船将大量货物和实验载荷送上太空，但是空间站不是只进不出的"吃货"，它还会产生大量无用的废弃物，必须定期将空间站上的垃圾处理掉，但又不能在轨道上乱扔废弃物，这时就需要货运飞船帮忙将废弃物带走。

中国天舟有什么值得骄傲的地方？

据我所知，全世界目前已经发射过大约 200 艘货运飞船。俄罗斯进步号货运飞船的总质量大约为 7 吨，运载能力可达 2.6 吨。欧洲的自动转移飞行器运载能力可以达到 7 吨，现在已经退役。日本 H-2 转移飞行器运载能力达到 6 吨，也已经退役；美国太空探索技术公司研制的龙飞船，上行运载能力达到 3.5 吨，美国轨道科学公司研制的天鹅座飞船，上行运载能力达到 2.5 吨。相比之下，我国天舟货运飞船由货物舱和推进舱组成，长为 10.6 米，最大直径 3.35 米，太阳能电池帆板展开后，最大宽度 14.9 米，整船最大载荷状态下的质量是 13.5 吨，上行货物运载能力达到 6.9 吨，是世界现役货运飞船中最大的，而且天舟能以最小的结构质量达到最大的装货能力，载货比高达 51%，位居世界第一。

第 9 篇

2021年6月20日

我们来到太空已经几天了，可以说，每天都过得非常充实和饱满。

不经意间发现自己大小腿的肌肉萎缩得很快，这才上来几天啊！肌肉都去哪里了？真的吓到我了！精神也开始高度紧张。太空生活中体育锻炼太重要了。

今天的任务是安装跑台、自行车和 Wi-Fi。虽然这几样东西看起来很"生活化"，却是太空出差必不可少的工具。道理其实很简单，太空和地面不一样，在地面如果一周不进行运动，结果可能就是多长几斤肉，但在太空如果长期不运动，则会对人的身体造成不可逆转的损害。跑台和自行车就是帮助我们强身健体的设备，我们每天都会主动锻炼，就算我们忘记了，地面工作人员也会提醒。

安装好跑步机后，我迫不及待地换上运动服，准备进行我的天和"首跑"。我先穿上个背心，背心的松紧和上下位置都可以调节，以免把肩部勒得过紧或者将胯部摩擦得过于严重。一开始的时候，我跑得小心翼翼，因为只要动作稍微大一点，就感觉整个空间站都在震动。地面技术人员提示：放开了跑，没事。我按照提示做，发现放开了反而没事。

跑步是对心肺功能锻炼的最好方式，但真正能阻止肌肉力量下降的是抗阻运动。我们在空间站准备的是一个类似划船机的抗阻运动装置，它能同时锻炼到腿、腰、背部等，是一项全身锻炼，但目前这个装置还没有上行，我们只能利用自行车锻炼下肢力量，利用小块时间进行弹力绳练习。每天锻炼对我们来说是最幸福的事，事实上，锻炼像氧气和食物一样重要，每缺席一次锻炼，就会明显感觉身体发生的物理变化，肌肉在慢慢地萎缩，这种感觉非常不好。

安装 Wi-Fi 设备是很轻松的事。空间站装上 Wi-Fi 后，各种设备就可以互联互通，我们使用的耳机不再拖着长长的导线，而且还可以使用笔记本电脑、智能手机等移动设备。还可以用 Wi-Fi 控制空间站的各种固定设备。例如，我们无须飘来飘去地手动操作，就能远程调节舱内的照明环境，选择睡眠或工作模式。这个有点像最近流行的"智能家居"的感觉，某种程度上，Wi-Fi 支持下的空间站就是个太空智能之家。

空间站和货船都安装了 Wi-Fi，这样我们就

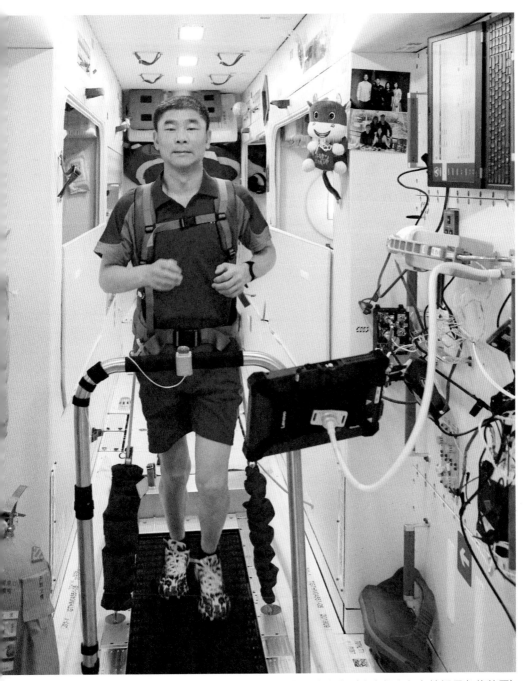

刘伯明在空间站跑步（跑步机上红色按钮是急停装置）

可以在测控区内给地面打电话了。这里回答一下大家的提问：在空间站是可以用手机的，而且我们还有两部手机。除了要放在值班位置的工作手机，每人还有一部放在口袋里的手机，通过专线可以给家人打电话，和战友们直接通话。如果有私密话题，还可以飘到其他舱段接听电话。空间站的这些功能我在 2008 年第一次执行任务时想都不敢想。我想这就是空间站时代吧！

放眼整个天和核心舱，大小柱段、睡眠区被我们整理得整齐划一。我们的"天宫"空间站不只是靓丽，看起来更是高大上。

航天员在太空中为什么会出现肌肉萎缩?

肌肉萎缩实质上是人类对空间失重环境的一种适应。进入到太空微重力或者是失重环境中时,原来用于抵抗重力、对身体起支撑作用的肌肉就变得"无所事事"了,于是出现了部分肌肉萎缩、变形甚至组织退化等现象。但是航天员最终是要在完成任务后,返回地球 $1g$ 重力场的环境,肌肉和骨骼仍要起到支撑身体和运动的作用,所以要通过大量的运动来最大限度地减少失重环境对航天员的损伤。经过此次长时间的太空飞行,我亲身感受到了在太空中运动的重要性。

第 10 篇

2021年6月21日

今天的任务是拆卸两套"飞天"舱外航天服。我和汤洪波携带必备的工具来到货运飞船，定位准确后开始拆除外围的包裹和外层隔板上的螺钉。这里空间狭小，两个人施展不开导致工作效率不高，尤其是靠近舱壁的固定支架，我们的身体钻不进去，费了好大劲儿，终于将两套服装转移到节点舱。三个人小心翼翼地拖着服装一路飘过去，生怕碰坏造价高昂的舱外航天服。

这是我国研制的第二代"飞天"舱外航天服，接下来空间站建站和运营阶段的几次任务都要靠它。当年执行神舟七号任务时，翟志刚出舱穿的是第一代"飞天"舱外航天服，那次是"飞天"舱外航天服的首次实际运用。

跟第一代相比，第二代"飞天"舱外航天服技术提升了很多。第一代舱外航天服最多只能支持航天员在舱外活动4个小时，只能重复使用5次；第二代"飞天"舱外航天服可以支持航天员在舱外工作8个小时，重复使用次数也提高到了15次。第一代"飞天"舱外航天服的手套可握住直径25毫米的东西，第二代"飞天"舱外航天服改进后的加压手套能握住直径5毫米的物体。

仔细观察过我国"飞天"舱外航天服的朋友应该能注意到，在舱外航天服的下半部分有个大挂包，大挂包内可以安装出舱用的电池，主、备两个氧瓶，还有无线通信装置，这些对出舱活动都至关重要。上行时为了避免磕碰，大挂包被取了下来，临时用小挂包填充上了那个位置。我们像宝贝一样把两套舱外航天服分别固定在 II、IV 象限两侧，把上行的小挂包拆下来换上大挂包，还清除了一些上行辅助固定的线绳和布袋。

　　舱外航天服好比一艘独立的"小载人飞船"，我们在太空出舱活动全靠它。很快，我就要穿着它走向太空了。

第一代"飞天"舱外航天服　　　　　第二代"飞天"舱外航天服

第五章

建党百年

今年，中国共产党迎来百年华诞。

我再次乘坐神舟十二号飞船来到了中国人自己建造的空间站，我庆幸自己赶上了一个伟大的时代，有幸参与载人航天这项伟大的事业。

第 11 篇

2021年6月23日

今天是 6 月 23 日，必定是我人生的高光时刻。在我们乘组飞行的第 7 天，习近平总书记与我们乘组天地通话。这是来自党和国家领导人特殊的厚爱，是我们航天人无上的荣光，是我人生中莫大的荣幸。

一大早，我和聂海胜、汤洪波早早起床，整理好舱内秩序，收拾好个人卫生，并对所有设备进行了最后一次调试。把党旗和国旗挂在醒目的位置，我们静静地等待习近平总书记的检阅。

时间一分一秒地过去。

地面传来口令，请习总书记与我们天地通话。9 点 40 分，习总书记起身，走向前方指挥席。此刻我的内心无比激动。画面中我看到习总书记向着话筒走来，步步情牵，面带笑容。习总书记说："看到你们状态很好，工作顺利，大家都很高兴。建造空间站，是中国航天事业的重要里程碑，将为人类和平利用太空作出开拓性贡献。你们是新时代中国航天事业无数奋斗者、攀登者的代表。希望你们密切配合，圆满完成后续任务。祝你们在太空工作生活顺利，我们在北京等候各位凯旋。"

我们向总书记响亮地回答："我们一定牢记总书记指示，不辱使命，不负重托，坚决完成各项任务，请总书记放心，请全国人民放心！"

听到总书记说出"伯明同志"，我激动得热泪盈眶。总书记是以身许国的党和国家领导人，他日理万机，为十四亿人民谋福祉，还在百忙之中抽出时间来到航天城与我们通话，可见国家领导人对航天事业的鼎力支持和高度关注。我们要更加刻苦训练，永葆青春，对党绝对忠诚。

习总书记对我国航天事业很了解，也非常关心我们的太空生活。他的话让我倍感亲切，也很温暖。他说："你们是进驻天和核心舱的首批航天员，将在太空驻留 3 个月时间。你们在太空的工作生活情况，时刻牵动着全国人民的心。你们现在身体怎么样、生活怎么样？工作顺利吗？"

我们三个人一一回答。轮到我的时候，我说："报告总书记，我是第二次执行任务，能够参加这次任务，我深感使命重大，无上光荣。后续我们将执行两次出舱活动和操作机械臂等一系列技术验证试验，我们一定精心操作，确保各项试验圆满顺利。"这是我向总书记汇报的内容，也是接下来我们的工作重点。

通话结束后，我的内心久久不能平静，这是我脑中最激动、最温暖、最难忘的深刻记忆，犹如阳光雨露滋润着我的心田，凝聚起最澎湃、最浑厚、最持久的奋进力量。

这是一份比天高的厚爱关怀，在中国梦的宏大叙事里，航天梦是最精彩的篇章之一，也是习总书记期许最深的一部分。

习总书记伟岸的身影、温暖的目光、亲切的话语，深深地烙印在我的心中，至重的关怀厚爱，注入的是奋进的力量，将永远激励我不懈奋斗。这是一份比天高的褒奖鼓励，我永远不会忘的是："你们是新时代中国航天事业无数奋斗者、攀登者的代表。"这是对全体航天人赤胆忠诚、一流业绩的高度肯定，犹如暖流洋溢人心，这更是对发展航天事业、建设航天强国的重托，必将凝聚再创佳绩、再立新功的磅礴力量。这是一份比天高的期望嘱托，叮嘱我们"密切配合，圆满完成后续任务"。

一字一句是对我们的指引启迪，也给予了我们信心和力量。党和人民把空间站建造第一棒交给我们，只有充分认清肩上沉甸甸的责任，担起该担的担子，奋力跑好这一棒，才能不负使命，不负重托，才能向党和人民交出优异答卷。

中国载人航天工程从 1992 年正式立项，至今已走过近 30 年，在太空建造空间站、拥有一个属于中国人的太空之家，曾是无数航天人的梦想。如今，这个梦想正一步步成为现实。

星辰大海再扬帆。航天梦必将托举强国梦驶向更加浩瀚广阔的宇宙，创造更多属于中国航天事业的新奇迹。

第 12 篇

2021年7月1日

2021 年 7 月 1 日，是伟大的中国共产党成立 100 周年纪念日。能够在太空过"七一"，这还是我们载人航天工程实施以来的第一次，而能够赶在党的百年华诞之际飞上太空过"七一"，更是让我们备感幸运和光荣。

　　一周前，习总书记专程来到北京航天飞行控制中心，同我们进行了天地通话，赞誉我们是新时代中国航天事业无数奋斗者、攀登者的代表。能够在浩瀚太空聆听总书记的讲话，那一刻我内心真是特别激动，特别受鼓舞。我想这不仅仅是我们航天员，也是全体航天人的至高荣誉。习总书记的鼓励和鞭策，让我们更加坚定了完成任务的信心和决心，我想再大的困难都抵不过内心强大的精神力量。

　　这个"七一"对我们驻守太空的三名航天员来说，也是意义非凡。我们乘组是中国空间站建设阶段的首批进驻者，同时我们三人也都是中国共产党员，为此，我们成立了"太空党支部"。在建党百年这个特殊的时刻，我们的"太空党支部"重温入党誓词，并安排了一些重要的有纪念意义的活动，在太空为党的百年华诞送上祝福。我们身着连体的蓝色工作服，胸前佩戴党徽，在空间站重温入党誓词时，仿佛置身我党成立的那一刻，感觉无比神圣而又庄严。这是我们党史学习教育、践行初心使命的一项活动。在这个具有特殊意义的年份，在太空进行这种非常神圣而庄严的活动，可以说，机会难得，终生难忘。

我1990年入党，算得上一名老党员了。我觉得我能有今天的成就，最大的体会就是坚持努力、坚守初心。初心是什么？是理想，是目标，而对一名党员来说，更是一种信仰。我始终认为，作为党员，任何时候都应该比别人更坚持一点、更坚强一点、更担当一点，党员的先锋模范作用就是这么一点一滴地体现的。我当飞行员的时候，每天都要坚持跑10公里。有时候太累了，真是不想跑了，但是想想还是不能放弃，不能给自己任何偷懒的理由。越难的时候越坚持，就会成为一种习惯。我想我能顺利入选航天员，跟自己长期坚持锻炼从而拥有一副好身体是分不开的。

当了航天员，我的目标是飞天，初心也是飞天。自从加入航天员这个特殊的队伍，我心里始终装着这个目标。这不光是我们个人的目标，更是党和人民交给我们的艰巨任务，是我们肩负的时代使命。入选航天员后，学习和训练任务很重，接触的全都是高科技，全都要从零开始学习，基础课程和载人航天工程的各个系统都要学。每天的训练也不能少。特别是到了空间站阶段，训练任务更重。但是再苦再累，我都会坚持往前走、往前闯。我始终感觉，前方有一束光芒、心中有一种信念在召唤自己。

初心让我坚定对理想的坚守。这一路走来，遇到的困难真是难以计数。从 1998 年入选航天员，到 2008 年第一次飞天，10 年坚守，回想起来，如果这 10 年期间有任何懈怠，都会与飞天失之交臂。从"神七"任务到"神十二"任务，又过去了 13 年。对我来说，后面这 13 年，比前面 10 年更难。因为随着第二批、第三批航天员的加入，我们第一批航天员从年龄上、体力上来说，都是不占优势的，要保持更好、更强的优势，唯有更多的付出、更长的坚守。这种坚守就是坚持不断地学习，坚持不懈地训练，坚持奔跑在这个事业的轨道上，任何困难面前都不能气馁、不能妥协、不能放弃。

初心让我拥有了处变不惊的力量。风光伴随着艰辛，更伴随着风险。航天员这个职业本身是有风险的，从火箭起飞那一刻起，整个过程时刻风险重重。特别是发射起飞、太空出舱、返回地面这些重要节点，一个很小的失误，就可能带来生命危险。2008 年我第一次飞天，执行太空出舱任务，大家都知道那次轨道舱打开了以后，舱内真空环境触发了"火警"报警，当时我们正准备出舱，这个报警确实把我们吓了一跳。但是我们几乎瞬间就达成共识，把个人生死置之度外，一定要把出舱任务执行好。我觉得可能比起其他职业来说，我们对入党誓词里面"随时准备为党和人民牺牲一切"这句话体会得更深刻一些。当心里早就做好准备、随时准备为党和人民牺牲一切的时候，是不会惧怕危险的。我想，这就是初心的力量、信仰的力量。

生活需要仪式感，修行也需要仪式感。重温入党誓词，是一名党员最基本的修行，对我个人来说也是一种升华，是对坚守信念的一次重塑，对坚持理想的一种鞭策。执行任务的过程中，我们也都潜移默化地形成了一种共识：时刻用党员的标准要求自己、鞭策自己。空间站任务比过去多得多，特别是出舱任务，从准备到结束返回，往往要连续工作十多个小时，特别难的时候，我都会习惯地鼓励自己坚持。神舟十二号飞行任务，我们要在太空驻守三个月，完成两次出舱活动。这是我经历的最长的一次飞行任务，也是完成任务最多的一次。但对于空间站任务来说，这只是很小、很短暂的一步。往后空间站轮流值守，每次都是半年甚至更长时间，试验任务更多、更复杂，出舱任务也会更多，出舱的时间会更长，这对我来说是更大的挑战。不过困难从来不可怕，心中有梦想，脚下有力量。坚守初心，成功就在前方。

回头想，100 年里，革命先辈舍生忘死，只为追求一个真理，人民翻身得解放，国家实现社会主义，这是一项多么伟大的事业！先辈们经历过大革命失败的阴暗岁月，进行了土地革命、抗日战争、解放战争、抗美援朝战争，无数英雄付出青春和热血，换来了我们祖国今天的富强昌盛。奋进新征程，建功新时代，让我们张开臂膀，迎接下一个辉煌时代！

第 13 篇

2021年7月2日

回首往事，经历的时光，走过的岁月，历历在目。我从一名农村少年成长为一名航天员，此刻正乘着中国人自己的空间站翱翔寰宇，这样的经历让我从心底感激伟大的党、伟大的祖国、伟大的人民，是祖国和人民托举我飞天。

1966年9月17日，我出生在黑龙江省依安县新屯乡东升村一个普通的农民家庭，我们家中共有兄妹六人，我排行老二，长辈都叫我"小二"。与别的家庭不同，我家从不重男轻女。甚至于之所以组成了有六个子女的大家庭，恰恰在于我父母"重女轻男"。前两个都是毛头小子，生完我之后，我父母十分盼望有一个"小棉袄"，于是我们便有了一个小妹。

农村学校教育质量不高，为了考上好的高中，我学习格外刻苦用功。1982年9月，我以优异成绩考进了依安第一中学。全班52个学生，51个住校，唯独我走读。学校离家有10公里，我每天骑自行车上下学。高中三年的艰难求学之路，锻炼了我强健的体魄，也磨砺了我顽强的性格。

1985年3月，空军到我们学校招飞。当时，我对空军并不是很了解，只是在学校的图书馆看过一些航空航天的书报杂志，感觉当一名飞行员应该很神圣，就踊跃报了名。经过严苛的体检和知识考核，6月，我顺利取得了空军第一航空预备学校的录取通知书，成了我们学校几年来唯一通过招飞选拔的学生。军校四年，我完成了从地方学生到革命军人、飞行员的转变，也学到了丰富的知识，养成了良好的军事素质。

1989年7月，我被分配到空军某基地，对飞行操作技能进行强化训练。1990年9月，我到部队任职，真正成了一名战斗机飞行员。那时，我们师里的一个团飞歼8飞机，一个团飞歼6飞机，我向上级申请去飞歼8飞机，领导考虑我飞行经验少，没有立即批准我的申请。我相信天道酬勤，也深知要飞最先进的战机就必须要有最过硬的技术。训练中我主动"加码"，经过两年的刻苦训练，1992年12月，终于如愿以偿地飞上了歼8飞机。

1996年，我在北戴河疗养时，听说选招航天员的消息。我想，航天一定是一个充满挑战的事业，我的性格是遇事比较冷静，身体等各方面条件也不错，具备当航天员的基础，于是我第一时间报了名。随后，我顺利通过了体检、特检，到1997年年底，终于接到了被录取的通知。我心里非常高兴，满怀激情地投入到这个全新的事业。

1998年1月5日，我和其他13名战友一起来到航天员大队。面对鲜艳的国旗，我们庄严宣誓：甘愿为祖国的载人航天事业奋斗终生。我告诉自己，要想尽早完成从飞行员到航天员的转变，学习训练中就要格外努力。但是，执行飞天任务的航天员选拔是严格而残酷的，尽管我们14名航天员都具备了独立执行任务的能力，但神舟五号任务，只有一人能够实现飞天梦想。遗憾的是，我与这次任务失之交臂。

神舟六号载人飞行任务中，我虽然进入了第一备份乘组，却再次与飞天擦肩而过。虽然最终没能上天，但我没有气馁，选拔没有失败，只有认真总结提高，更加努力学习、刻苦训练，才能早日圆梦。

与"神五""神六"任务不同，备战神舟七号载人飞行任务时，新增了3个地面大型训练设备：模拟失重水槽、低压舱和出舱程序模拟器。学习训练的内容和强度成倍增加，我从难、从严圆满完成训练任务，并取得优异成绩。

2007年，我和翟志刚、景海鹏成功入选神舟七号任务飞行乘组，于2008年9月25日执行飞行任务。第一次飞向太空，我不禁惊叹于地球家园的美丽，惊叹于个人的渺小和人类的伟大，更为祖国航天事业的成就感到自豪，心情特别激动。2008年9月27日在神舟七号飞船上，我情不自禁地用铅笔写下了这样一首小诗：

三马飞天——俯瞰家园，同一个地球村；横望日月，同一个太空城。三马飞天，齐祝愿，天地连线一家人！

2008年9月28日，我妻张瑶于北京航天城回应我所写，她写下：

三英亮剑——仰望九重，同一架连心桥；纵观河汉，同一座星宇宫。三英亮剑，齐喝彩，天上人间儿女情！

按照任务计划，我们进行了中国人的首次出舱活动。在我和海鹏的辅助下，虽然经历了波折，志刚成功出舱。在黑色天幕和蓝色地球的映衬下，志刚挥动鲜艳的国旗向地面报告，向全国人民、向全世界人民问好。这个瞬间，载入了历史，也永远地印刻在我的脑海里。

出舱活动结束后，我们回到返回舱，虽然已经很累，但还是打起十二分精神。飞船再次进入测控区后，我们有意展示失重环境下饭勺、手册的飘动。不为别的，只是为了在经历了两个小小的意外之后，用这种轻松的举动，让祖国和人民放心，也让亲人和战友放心。

任务成功后，党和人民给了我莫大的荣誉。但我深知，是千千万万的航天人为我们铺就了飞天之路，是祖国和人民把我们送上了太空，我要尽己所能回报这份关心厚爱。在随后的几次载人航天飞行任务中，尽管没能入选飞行乘组，但我仍全心全意地做好地面技术支持工作，为飞上太空的战友提供建议和帮助。

2017 年 8 月，我们与 1 名欧洲航天员在山东烟台附近海域圆满完成了为期 17 天的航天员海上救生训练。20 多年前，我国的载人航天工程刚刚启动，如今，其他国家的航天员却不约而同地选择到中国来接受培训，载人航天工程建设发展的一幕幕历程，如电影镜头一般在我脑海中闪现，让我对祖国的载人航天事业充满了自信。

我曾多次去过"两弹一星"事业的发祥地酒泉卫星发射中心，每次去都要瞻仰东风革命烈士陵园，祭拜为航天事业牺牲的英烈。

想到当年的创业先辈们为了国家富强、民族振兴，甘愿抛家舍业，住戈壁、斗狂沙，他们"干惊天动地事、做隐姓埋名人""献了青春献终身、献了终身献子孙"的大情怀、大境界，都让我感慨万千，他们值得我们永远铭记和学习。

今年，中国共产党迎来百年华诞。我再次乘坐神舟十二号飞船来到了中国人自己建造的空间站，我庆幸自己赶上了一个伟大的时代，有幸参与载人航天这项伟大的事业。百年风华正茂。我相信，在中国共产党的领导下，我们必将走向下一个更加辉煌的时代，中国很快会建成航天强国。

第六章

出舱

我梦到了两个外星人来到我的窗前，他们和我打招呼，但彼此没有语言的沟通，他们只是用手轻轻地抚摸我的肩膀和头盔……难道昨晚的梦境成真了？

第 14 篇

2021年7月3日

明日出舱，期待又紧张。这是继 2008 年神舟七号飞行乘组完成出舱任务后，中国航天员第二次执行太空出舱任务，也是中国空间站阶段航天员的首次空间出舱活动。2008 年，我作为神舟七号乘组成员之一，协助翟志刚完成了出舱任务，但那次我自己并没有到"太空行走"。这次，我要步入太空了。

　　13 年前出舱时惊心动魄的一幕又在我脑海里重现。2008 年，神舟七号飞行时，我和翟志刚第一次执行出舱任务。就在志刚身着我国研制的"飞天"舱外航天服即将漫步太空时，意外情况发生了。

　　开启轨道舱舱门时，志刚拼尽全力，舱门却丝毫没有反应——后来分析是舱内外残余的压力差造成的，但在地面训练中，从未遇到过这种情况。此时，飞船即将驶出测控区，如果舱门打不开，空间出舱活动就无法进行，"神七"任务的核心目标就无法实现。怎么办？我一边鼓励志刚，一边按预案将一根撬棍递给志刚，一边协助他固定腿部，在我们的协力配合之下，赶在飞船飞出测控区之前，"太空之门"终于被撬开了。

　　一波未平一波又起，就在这时，第二个"意外"出现了，我们的耳机中突然传来报警提示："轨道舱火灾！轨道舱火灾！"此时，空间出舱活动行将展开，全体华夏儿女都在翘首以盼。我和志刚目光对视，彼此心领神会。他毫不犹豫地出舱，我也果断调整舱外活动计划，先将一面五星红旗递到他手中。我想，就算真的遭遇不测、再也无法重返地球，我们也要让五星红旗在太空飘扬！

出舱过程中，我们听到地面通报"飞船状态正常"，任务结束后，我们也和飞控人员进行了沟通，确认这次火警为一次误报，虚惊一场。

有了 2008 年出舱的经历，神舟飞船进行了改进设计。2008年神舟七号开舱门是用力向内拉门，这次是先使用助力手柄把门顶开，放掉残余气体，然后再拉门。

为了圆满完成这次出舱任务，我们乘组已经准备了很多天。这几天，我们按照手册编写的程序，一步一查，有序地开展出舱前的准备工作。

先后进行服装内外各部组件的检查确认，包括液路系统的净化补水、排气泡、检查氧气瓶以及电池放电充电等，不光是服装内设备用电，舱外摄像机也要有单独的电池。尽管忙得不可开交，这些都是有章可循的，复杂的是出舱的各种工具，我们需要思考怎样在节点舱固定它们，才能做到取放既安全又方便。我们不断摸索由舱内向外传递物品的路线，确定工作时是否顺畅。

服装加压状态下的几次在轨试验，包括调试服装尺寸，都是三人配合完成的。调试服装尺寸很关键，因为失重状态下，变化最明显的就是脊柱拉长，平均长高了3厘米！地面上行的是标准尺寸，必须得进行再次调整。狭小的空间内，移动加压后的舱外航天服很不方便，有时想让它完全自由漂浮，又担心碰坏舱外航天服的面窗，为此我准备了很多绳索固定在行走的路线上。出舱工具也要在着服状态下尽可能多地进行操作练习。

微型工作台的安装稍微复杂一些，安装的时候多数靠自己的手感。安装后同伴要再次确认，还要记住设备之间的相互关系，一旦上下、左右位置颠倒，要做到快速重新定位。我们还要模拟在狭小空间内操作微型工作台和气液组合连接器。由于节点舱光线要暗一些，这两项操作略有困难。然后顺着出舱路线移动身体到开舱门处，观察站位是否合适，调整开门的身体姿态等。在太空中移动，速度宁慢勿快，这样才能控制好自身的姿态平衡。

最后做到所有设备操作熟练，节点舱内无死角，拍照下传，地面帮助确认，出舱前的准备工作才算完成。

为了确保万无一失，我又做了很多工作。我在节点舱向四周仔细观察，记住所有相关设备之间的位置和连接关系，有时特意头朝下转180度，感受位置关系的变化，会不会造成错觉。经过不同角度、不同模式的反复测试，确保可以做到万无一失了才终于放心。我对于节点已无任何盲点，安装脚限位器、操作台，抬升相机支架等几个大型设备，我们是相互配合进行的，已熟练掌握操作技巧，随后我们将所有设备归位，一切准备就绪。

我对自己的睡眠质量一直非常放心，但地面还是要求我们保证充足的睡眠，于是，我们吃完晚餐就进入各自的睡眠区，每人服了一片安眠药后早早入睡。因为打破了平时的作息规律，且漂浮状态下很不容易进入深度睡眠，睡着后我开始做梦了。

我梦到了两个外星人来到我的窗前，他们和我打招呼，但彼此没有语言的沟通，他们只是用手轻轻地抚摸我的肩膀和头盔，我感觉大脑里好像加了一个芯片，瞬间看到另外一个美丽的星球就在眼前，它也是蔚蓝色的。我突然明白过来，原来他们是来地球与人类交好的。但他们的飞行器无法降落地球，只能在外太空和我们相遇。奇怪的梦境里，他们临走时送给我一个盒子，里面记载了他们星球从诞生崛起到产生生命体的渐变过程，并约好了等我们下次执行任务时，要去他们星球驻留一段时间。梦很短，但很清晰，也许是自己日有所思才夜有所梦。但自己真的希望那么一天到来吗？说实话，我也不确定。

晚上又情不自禁以拙诗抒怀：

星耀河汉
——太空行走

臂上操练新武功，
浩浩天宇任我游；
以身许国非凡旅，
星耀河汉震寰宇。

第 15 篇

2021年7月4日

按照计划和安排，我和汤洪波出舱，聂海胜在舱内值守。

　　凌晨 3 点，设置的三个闹铃在同一时间响了起来，我们迅速起床处理个人卫生。我和汤洪波有个共同习惯，早晨起来第一件事就是去厕所。以前在地面组合体封闭训练一个月中，经常出现我在门口催促他的情况。这次来到空间站，为了不在卫生间排队，他养成了晚上去厕所的习惯，我要真心地感谢他，要改变一个习惯可不是那么容易。

　　海胜则催促我们快点吃早餐，但实际上这次出舱任务我们预留的时间很充足。贴电极、穿液冷服和尿不湿——因为出舱时间长，排尿不可避免。关键的时间节点是关闭双向承压舱门，尽管此前我们早已演练多次，但真正到了穿好服装准备过闸段的时候，我还是不放心地叮嘱汤洪波一定要放松，严格按照规定的程序实施操作，不要轻易发挥。

　　这是空间站建造阶段的首次出舱作业，困难和挑战定然不会缺席。天地之间、乘组之内均高度重视。对所有操作，海胜和地面指挥员都在不断地进行提示，我们操作的每一环节都相互检查确认。

相比神舟七号出舱，这次由于使用了助力手柄，打开舱门异常顺利，我的心情顿时大好。13 年前惊魂时刻留下的阴影此时烟消云散了——拨动手柄就跟玩儿似的，真的好爽啊！舱门创新设计之后，我是第一个受益者。

身体略微后仰，错开舱门回转路线，顺手就拿出了舱门保护罩，在汤洪波的配合下，很快就确认舱门保护罩安装到位。我一手抓着舱门，另一只手托着脚限位器件，向上飘了起来。一瞬间，我被眼前的景象给震撼到了。远处的天边犹如雨后的彩虹，五彩斑斓，地球上很难见到的蓝光、紫光也出现在了这里。抬头向上，宇宙的大背景漆黑一片，跟个黑洞似的。右手边是初升的太阳，没有了大气层的庇护，旭日的阳光变得光芒万丈。左手边上是常年围绕我们运行的月亮，那里有嫦娥的美丽传说，仿佛伸手就可触摸到。

震撼瞬间袭来，我情不自禁地冒出了东北话："这也太漂亮了！老亮了！"

没有更多的时间去欣赏，所有工作人员都在等待我下一步的操作。接下来开始安装脚限位器，我把双脚卡在舱内固定，这样一来安装体积较大的物体也不难了。安装完毕，我又拉动几次，确认它已经很牢固了，就按顺序安装了操作台、通用把手、相机抬升支架。相机抬升支架是因为在发射时，受长征五号 B 火箭整流罩周径的限制，全景摄像机安装高度较低，导致视场角受限，但根据任务，需要对整个舱外的情况进行监视，所以我需要把相机抬高。

安装过程中，由于紧急制动装置的绳索过长，缠绕了我的服装，绳子卡在了微型工作台里面。我斜身靠在舱门口，让汤洪波协助解开绳子，因为我自己看不到，只是感觉身体移动受限。这也充分说明失重条件下，绳索过长非常容易出现缠绕，有了这次的经验，以后出舱就会尽可能避免类似情况发生。

这期间，略有一点难度的是安装脚限位器。脚限位器，顾名思义，主要用来限制脚的位移。不像在地面，在太空出舱活动时，身体一个部位的一小点移动，都可能让整个身体飘起来。所以，看之前的出舱画面，航天员大多是用一只手抓住舱壁，然后再进行各种活动。但空间站建设很多场合需要航天员双手操作，脚限位器就这样出场了。航天员站到脚限位器上，身体就能固定下来，从而解放双手。

站上脚限位器也有窍门，要考虑纵轴方向一致，还要看清距离远近，我手抓环形扶手，尝试怎样才能更顺利地把脚放进去。关于此项操作，我在烟台海上训练时，曾和欧空局的同事交流过，脚稍微向上一抬，就看清了脚限位器，所以把脚放进去不难。和地面不一样的是，在失重状态下，脚往下踩，反弹作用并不明显，我无法准确判断是不是踩实了。在舱内海胜的确认下，再结合我的感觉，直到我确认已经完全站上机械臂，才开始向操作台指定安装位置传递物品，检查确定人、臂与舱体之间无多余连接后，才开始机械臂大范围转移。

机械臂的安装位置在天和核心舱小柱段对地球一面，是一款模仿人类手臂的七自由度机械臂。七自由度简单理解就是机械臂共有七个关节，每一个关节对应一个自由度，七自由度那就相当灵活了。机械臂还能在空间站舱体表面爬行转移，就像在太空移动的变形金刚。

静静地站在机械臂上，面向茫茫宇宙，俯瞰着脚下美丽的地球家园——蔚蓝色的星球晶莹剔透，悬浮在浩瀚的外太空，她在无拘无束地自由飘动，感觉是那么的孤寂。此时此刻，我没有任何的恐惧，只是痴迷地欣赏她的美，仿佛置身在蓝色的大海之中，不断地被吸附，有一种向海面扎进去的错觉。耀眼的光线照在太阳能电池帆板上，金灿灿的帆板犹如一把利剑，劈开了大西洋。海水通过狭长的直布罗陀海峡连着地中海，曾经的海上两大强国，也是足球界声名远扬的"两牙"，看上去就像守护海峡的卫士，监视着进入狭窄通道的一切。右手边形状有些神似的地标是突尼斯和利比亚。

随着空间站的移动，美景渐次呈现。我的脚下是风景秀丽的地中海，地中海独特的气候，很少有乌云遮望眼。首先映入眼帘的是意大利的撒丁岛，紧接着是西西里岛——独具一格的大脚掌，然后我看到了奥运圣火的起源地希腊雅典，仿佛看见如来佛祖的神手指。无数的岛屿构成天使般的爱琴海，她吸进了黑海清澈的水流，环抱着土耳其。凡湖深蓝色的外形酷似中国的地图，尽管乌鲁米耶湖周边退去很多，但那经典的红色令人过目不忘。蜿蜒前行的尼罗河浇灌着两岸，多少沙漠变绿洲，而红海一路流经地中海，另一路演变成死海，却也贡献出绿色的西奈半岛。里海静静地守望着我们。怎奈叙利亚上空明显的硝烟战火污染了这里的宁静。

空间站多次往来穿行，永远给人一种安稳的宁静。穿过动荡的阿富汗来到我国西部边疆——新疆。一眼看到一望无际却又非常规整、近似椭圆的塔里木盆地。原来塔克拉玛干沙漠这么大！时而会瞥到行走的漂沙，时而又静卧似水，像是一头守护西部边疆的雄狮。广袤的新疆大地之上有无数的大小湖泊，犹如碧色的珠宝镶嵌在大漠戈壁上，哺育着生机盎然的绿洲。天山山脉以北有一幅优美的画，伊犁河注入的巴尔喀什湖，就像女子 10 米跳台运动员入水前展开的完美曲线，她的起跳点就是有"大西洋的最后一滴眼泪"之称的赛里木湖。据说整个西北部只有新疆的赛里木湖面积不断扩大，水位不断升高，她越来越深的蓝色湖水就可以印证这一说法。美女瞄准的落点也是相当漂亮的伊塞克湖——位于吉尔吉斯斯坦境内，也是我在外太空最喜欢拍摄的地点之一。

空间站飞过新疆，很快进入甘肃内蒙古一带。从外太空看去，很容易分辨的地貌就是巴丹吉林大沙漠，沿着沙漠的地标就能找到酒泉卫星发射中心，我就是从那里出发来到太空的。再过 2 个月，我们也将返回那里的东风着陆场，这也将是"神舟"飞天以来，第一艘着陆在东风着陆场的飞船，以后，它将是飞船正常情况下返回的着陆场。在太空看到她，感到特别神圣，特别亲切！

来到燕山山脉，我看到了祖国首都北京的轮廓，遂仔细观察起来。我当空军飞行员时，对长城特别熟悉，经常飞过它的正上方，所以我一下子就找到了它。根据我的经验，一路向东，长城扎进了迁西水库，但这次在外太空肉眼难辨，可能是因为它太过狭长。长城在太空中并不好分辨，好在一路飞过来到达了东亚上空，真真切切地感受了一把"黄河入海流"，气势磅礴，泥沙俱下，波澜壮阔，真是奔流到海方解气。

不知不觉空间站飞到了阴影区，突然觉得全身发冷，手脚有点冰凉，还不停地打寒战。太阳照射区和阴影区温差200多摄氏度，也许是我们的液冷服工效太好，尤其是为了操作方便手套内面设计得比较薄，现在感觉多余的热量都被带走了，剩下的不足以维持我手脚的温度。站在机械臂上长时间不活动光欣赏风景是不行的，好在很快就来到了作业点，开始真正意义上的舱外第一次作业。

我从身体左侧的微型工作台上取下电动工具，开始操作时，我小心翼翼，待到使用熟练后，我就把它放在旁边，让它自由地飞一会儿。有安全绳牵着，量它也飘不到哪里去。安装照相机和抬升支架是在轻松愉快的心情下进行的。搞定后，它就开始工作了。当海胜在舱内告诉我，他可以清楚看到我和洪波两个人时，我还是相当激动的，毕竟这是我第一次从中国的空间站出舱，第一次完成空间站外的作业任务。我不停地挥手致意，感谢所有的工程人员和指挥员。

为了感谢全国人民的大力支持，我当时大声呼喊："请亿万国人随同我舱外航天服摄像机的全景一同体验自由飞翔！"从外太空看美丽的地球永远让我乐此不疲，尤其有一圈儿，我看到了美丽的长江、黄河，越发觉得祖国版图的神秘莫测，暗下决心进舱后一定要在闲暇之余多拍照片，从外太空视角尽可能地把祖国大好河山记录下来，与全国人民一同分享。

时光总是在忙碌中匆匆而逝，出舱作业告一段落，是该"乘臂"返回的时候了。

再次回到出舱舱门的环形扶手旁，我将工作台上的物品顺利传递到舱内，但在随后安装操作台回舱臂的时候出现了点小问题。这个操作台是我出舱时带出来的，以后的出舱作业还会用到，没必要带着它来回折腾，所以地面要求把它安装到空间站舱壁上，方便以后出舱工作时取用。任务要求是把操作台整体一次性安装到侧壁的工具箱工位上。没想到，这成了此次出舱遇到的最具挑战性的任务。

当时我左手握着操作台，右手抓着环形扶手，极力想固定住自己的身体。但人在飘着，设备也飘着，很难同时静止下来，因为脚找不到固定点，操作杆又特别长，转动惯量很大，很难做到杆对准销并插入上锁。中间汤洪波过来帮忙，但还是没有完成这项任务。我静下来想一想，要克服这个问题只有两个方案，要么是人完全固定，要么拆分操作台。因为出舱时操作台是两个部分，是我把它接起来的，接起来后的操作台变长了，给我此时安装造成了困难。环形扶手周边没有适合固定脚的设备，我没办法双手操作，所以只剩一个办法，拆分操作台。于是我请求地面支持我的想法，按出舱程序进行安装。地面一线的领导、专家和指挥员很快就做出决定，同意我的方案。按照这种方式，我成功将操作台安装到舱壁上。

出舱的经历本身就是一笔宝贵财富。只有遇到了困难，才体会到在身体漂浮状态下，任何舱外操作都是很难的。举一反三，未来对接上问天实验舱、梦天实验舱，有必要在出舱口附近增加一些扶手，用于固定身体。此外，还要考虑两人在舱门口的配合问题。其实，这次问题的顺利解决也得益于我们通信手段的提高，通信网覆盖面大幅提高，使得天地通话可以一直保持，比我执行神舟七号任务时的通话时间长了很多。期间为了避开南大西洋异常辐射区，我们进舱规避了 20 分钟左右。

当我进入舱内关闭舱门，完成节点舱复压后，迎接我们的是聂海胜指令长热情的拥抱："一会儿给你们做好吃的，欢迎巡天归来！"出舱过程中，他一直在舱内值班，并且负责机械臂摆动的精确操作，如果我发觉自己离操作点上下左右前后距离不合适，就需要他操作机械臂微调来提供支持。更多时间里，他都在认真地提醒我们哪一步该做哪些内容，尤其是出舱、进舱两次过闸段，都是他负责指挥，而本来这是我和汤洪波的工作。通过这次配合发现，只要乘组一心、天地一体，就能做到事半功倍。不然，7 个多小时的出舱活动不可能这么圆满地完成。

每一次出舱返回后，我都十分激动，感觉出舱多少次都不过瘾。返回舱内后，贺信如潮水般涌来，我知道任务背后有这么多同事在支持着我，有这么多的同胞在关注着我，我的成功不仅仅是我个人的人生梦想，更是感觉到我和我的祖国连接得是这么紧密，我为祖国的强大而自豪。

简单地清洗后，第一件事就是睡觉，醒来后才想要找吃的。我们出差时带了 60 个苹果，每人平均 20 个，保鲜期只有两个月。为了庆祝，我们把最想吃却舍不得吃的苹果也拿了出来，每人一个，吃得那叫一个香甜。那一刻，感觉苹果的芳香充满了空间站的每一个角落，整个空间站都沉浸在出舱成功的喜悦之中。

太空出舱

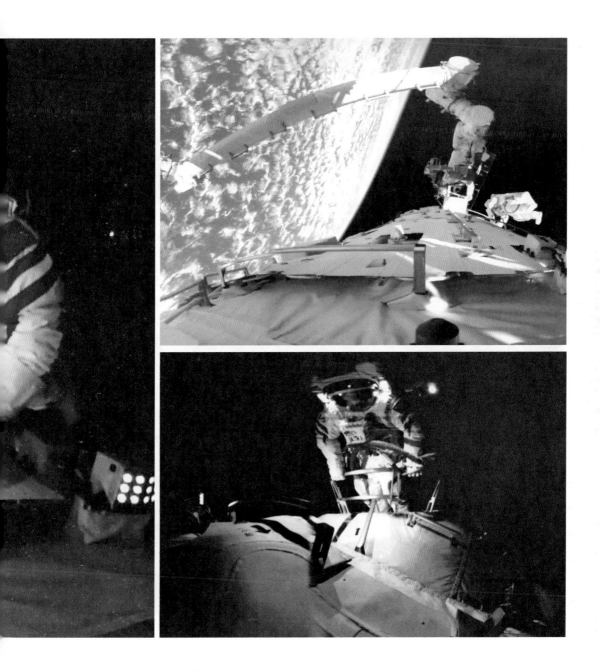

意大利西西里岛

里海

伊朗乌鲁米耶湖

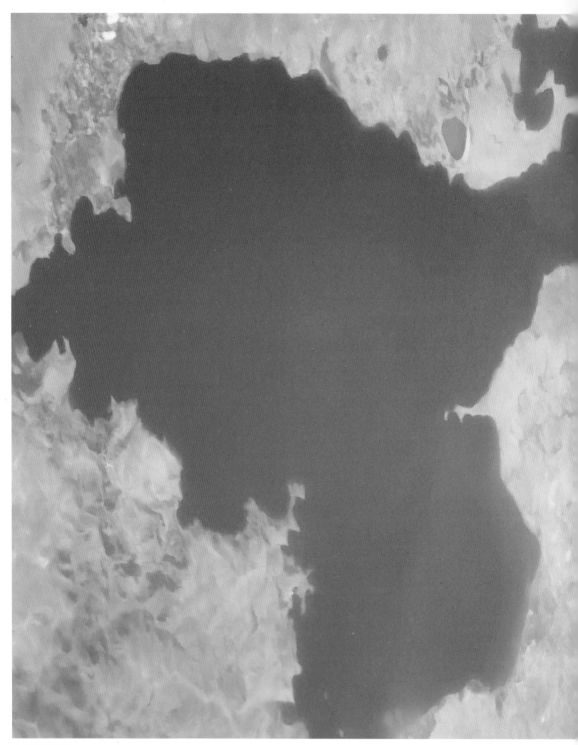

土耳其凡湖

哈萨克斯坦巴尔喀什湖和中国赛里木湖

美丽的地球

极光夜空

雪云

机器人可否替代航天员出舱？

航天员出舱是人类在科技上达成的巅峰之一，我亲身参与其中，感到无比的荣耀。太空环境对于航天员是很恶劣的，出舱活动目前还是最具危险性的太空活动之一。

那么，太空出舱活动既然存在危险，那为什么还要航天员出舱呢？空间机器人能否替代航天员进行出舱活动？为此，我特意去咨询了空间机器人研制专家，得知目前确实已在设计能执行预期任务之外或超出已知任务参数范围的机器人，但还存在两方面的问题：一是成本太高，二是技术尚不成熟，无法完全取代人类，无法执行预期之外的任务。最重要的是再灵活先进的机器人，也不如航天员的出舱活动效率高，毕竟人对意外故障和突发事件做出响应的能力较强，所以航天员出舱技术是必须要掌握的。另外，航天员出舱还可进行外部航天器的捕获、组装、连接、维修等工作，同时对放置在空间站外部的微生物进行采样，还可以把特制的样品面板安装到舱外，以便助力科学家弄清楚太空环境会对他们造成什么样的影响。

空间站天和机械臂的使命有哪些？

天和机械臂对于我个人而言，具有非常重要的意义。一是"神七"任务中是没有机械臂的，所以机械臂是"神十二"任务的一大亮点；二是我是第一位站在机械臂上遨游的航天员，当时的激动和心跳的感觉至今记忆犹新。

天和机械臂对于空间站任务而言，更是意义非凡。它是一款模仿人类手臂的七自由度机械臂，那何为七自由度呢？它的肩部设置了三个关节，肘部设置了一个关节，腕部设置了三个关节，一共七个关节，每一个关节对应一个自由度，就如同人类的手臂一般。通过各个环节的旋转，能够实现自身前后左右任意角度与位置的抓取和操作。

天和机械臂由关节、末端、中央控制器、相机、臂杆组成，两根臂杆对应着人体的大臂与小臂，展开长度为10.2米，相当于3层楼的高度，大臂和小臂既可以联合工作，也可以独立工作。天和机械臂配套了两个末端执行器，一套视觉相机系统，一套总控制器，总重量为0.74吨，而其末端在轨最大承载能力却达到了惊人的25吨，如果把这个承载能力换算成人的手臂的话，相当于一个成年人可以凭借自己的一只胳膊，抬起100公斤的重物。

后续，神舟十三号乘组将为机械臂安装一套级联装置，相当于转接头。当问天实验舱发射后，问天实验舱上的机械臂和天和机械臂在太空中组合，进一步扩展其活动空间。

天和机械臂在空间站上有四大使命：

使命一：在空间站舱体表面爬行转移，由于天和机械臂肩部和腕部关节配置相同，所以这就意味着机械臂两端活动功能是一样的，同时肩部和肘部各安装了一个末端执行器，就如同我们的手一样，末端执行器可以对接舱体表面安装的目标适配器，机械臂通过末端执行器与目标适配器的对接与分离，同时配合各关节的联合运动，就能实现机械臂在舱体上的爬行转移功能。末端执行器除了可以提供对接与分离的机械接口外，还配有供电接口、通信接口和其他一系列的功能接口，这样一来，只要末端执行器与目标适配器固联后，就可以为整条机械臂供电了。

使命二：舱外状态监视与舱表状态检查。中国空间站舱外配置了许多暴露的实验载荷，无时无刻不在面临着空间碎

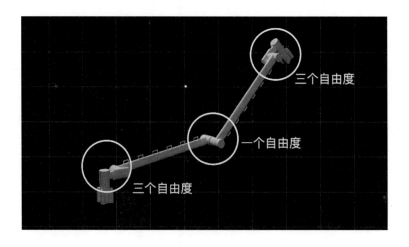

片撞击的危险，因此要定期对空间站舱外与舱表状态进行检查确认，于是这项艰巨而光荣的工作就落在了机械臂头上。为此，天和机械臂装配了一套视觉监视系统，肘部、肩部、腕部各装有一台视觉相机，是舱外状态检查与舱表状态检查的主要设备，通过机械臂在舱体表面的爬行，配合视觉相机监视，就如同空间站伸出了一根大大的自拍杆，实现了360

度无死角全覆盖的监视，非常巧妙地实现了对于空间站舱外设备的巡检功能。

使命三：辅助航天员出舱。在神舟十二号任务中，我在天和机械臂末端安装了对接脚限位器，并站在脚限位器上实现了真正的遨游太空。

使命四：开展空间站在轨建造任务。2022 年是空间站在轨道建造阶段完成的年份，问天实验舱和梦天实验舱受限于控制的问题，无法直接与核心舱的侧向停泊口对接，而是要先与核心舱的前向对接口对接，然后再转移到侧向停泊口，天和机械臂承载着两个实验室实施转位对接的动能，具有毫米级的控制精度。

机械臂还可用于货物转移、舱外监视、到访航天器捕获等航天活动。

天和机械臂并不孤单。1981 年和 2001 年，美国与加拿大联合，分别发射了两条机械臂，一条长 15.2 米，拥有六个自由度，安装在航天飞机上，最著名的任务是辅助维修哈勃太空望远镜，让其"复活"；另一条长 17.6 米，七个自由度，总重 1.8 吨，最大特点就是在国际空间站导轨上进行移动，其末端还配备了一个更加灵巧的机器人，组成强大的机器人作业系统，在国际空间站组装建造过程中，它功不可没。此外，日本、欧洲也有自己的空间站机械臂。

航天员进行舱外活动前为什么要进行
吸氧排氮？

航天员在出舱前，都需要吸一段时间的纯氧，称之为"吸氧排氮"，这主要是为了尽量避免航天员遭遇减压病。

我们平常呼吸的空气，氮气占比78.09%，氧气占比20.95%，剩余的是二氧化碳等其他气体。在地球上，人体内部的压强和大气压一致，气体在血液中的溶解量较大，其中大部分氧气和二氧化碳被血红蛋白及血浆内的成分所吸收，只有很小一部分（不足1%）呈物理性溶解，而氮气不仅不能被身体分解，并且在血液和组织液中溶解度较高。

当人体处在低压状态下，氮气无法继续维持溶解状态，在几秒至几分钟内以气泡形式聚积于组织和血液中，轻则造成皮肤瘙痒、关节疼痛，严重一点气泡进入大脑，则会导致脑血栓并死亡，这就是减压病。

太空是真空环境，舱外航天服要维持航天员可以生存的一个大气压。如果将航天服气压设置成为标准大气压101千帕，航天服就会膨胀，硬度很大，航天员的四肢运动就会非常困难。综合各种因素，目前航天服气压设置为 40 千帕, 相对于标准大气压来说是处于一个低压状态。为了最大限度地防止减压病的产生, 航天员在减压前预先都要吸进纯氧, 使体内的氮气释放出来, 一般在纯氧环境中吸氧排氮 4 小时后, 大体可以使体内 95% 溶解的氮清除掉, 这样就能大大减少发生减压病的机会。

另外, 还有一种方式就是舱内保持着 1/3 标准大气压的纯氧, 即气压与舱外航天服内的压力一致。美国的水星、双子座、阿波罗飞船, 都是使用这种方式。但是, 人体长时间呼吸纯氧会抑制红细胞的生长, 对眼鼻有刺激作用; 更为严重的是, 舱内纯氧容易引起火灾。因此, 此种方式不安全。

在太空中如何辨别方向？

东南西北，对于我们航天员来说，肯定不是什么难题，因为白天有太阳，夜间有星星。在地面，我们航天员大多数人是按照这样的思路辨别方向的：没有太阳的时候，就按照生活习惯，根据周边的建筑物来判断，夜间还有北斗星。在地面训练时，我们学过星象，至少要掌握 88 个星座，这是我们要常记的。以后进行星际飞行的时候，会以星座作为参照目标，来判断自己的位置。太空飞行时，如果不看外边的话，只看我们自己飞船的状态，其实也很好判断，我们的飞船一直是绕地球飞的，前进的方向与地球有一个夹角，大概 42 度左右，这是我们的飞船在发射时就已经定下来的，根据太阳在我的左边还是右边，东西南北很容易分辨。

第七章

珍珠婚

我们一同开启了家庭这个幸福的港湾，徜徉其中、自由遨游。我也如普通人一样，尝试了人生的酸甜苦辣，走过了岁月的苦乐年华。

第 16 篇

2021年7月14日

风雨同舟三十年，朝夕相伴倍有缘。

上周末的双向视频通话，女儿给我布置了任务：这个周日是我和她妈妈结婚 30 周年的纪念日，是珍珠婚，让我最好有个书面准备，她已经写了一段。

昨天晚上我也从货船里把节日礼服找了出来，可试穿几次都觉得颜色太深也不鲜艳，只好又换回连体舱内工作服，显得干净、年轻，气质也好。地面工作人员也给了我一个惊喜，布置了结婚纪念日活动现场，画面一出现，我是既兴奋又高兴。

感叹岁月匆匆，如白驹过隙，一晃就是 30 年！时间冲淡了无尽精彩，流年老去了多少英雄。

我与妻子张瑶的缘分，要追溯到高中时代。当时我万万没有想到，我就读的依安第一中学的校长邹淑敏，会成为我未来的岳母。在我读高二的时候，岳母曾给我们班级代过语文课。当时，我是班里唯一一名骑车上学的学生，邹校长对我印象深刻，也颇为喜爱。

邹校长有一个女儿叫张瑶，用当时的时髦话来说，长得美丽

刘伯明和妻子

刘伯明、妻子和女儿

大方。高中她作为学生代表发言，那是我第一次见到她，简直可以用"惊为天人"来形容，心中暗生情愫。但当我打听到她是校长的女儿时，心灰意冷，我这个穷小子断然是高攀不起。考入空军飞行学院后，邹校长亲自送我去学校，在飞行学院读书期间，我经常给恩师写信，向她汇报我的情况，两人一直维持着友好的师生关系。频繁的书信往来让邹校长最终认可了我。一个假期，她告诉我说，可以和张瑶见面了。原来，邹校长一早就知道我对张瑶的爱慕之情。

初次见面相谈甚欢，又经过几次聊天，我更加认定她就是我的另一半，两个年轻人彼此情投意合，很快便确定了恋爱关系。我将张瑶介绍给父母认识，二老怎么也没想到，农村家庭出身的"小二"，居然能娶到校长的女儿，而且长得这么美丽大方！父母对这个儿媳很满意！

1991年，我俩结婚了。为了庆贺新婚，我们游览了西安古城。华清池、兵马俑这些古迹，为我们的新婚增添了无限的情趣，游览祖国秀美的山河，更让我们心旷神怡。

那时，我所在的北京军区空军基地设在河北遵化，遵化是河北省燕山南麓著名的山间盆地，四面环山，我们结婚的第二年撤县设市，但经济依然比较落后。结婚不久，部队允许家属落户。我们分到了电池厂院内的两间简陋平房，偏偏又靠近一个煤厂，每天都被灰尘干扰，早上走时收拾得干干净净，晚上回来时却满屋灰尘。张瑶从不埋怨，她安心地在部队的幼儿园里当起了幼儿教师。

我飞行的机场离家 20 多公里，骑自行车得一个多小时。那时莫说买汽车，就连一台新摩托车都无法承受，最后，我在家里的资助下，买了一辆二手摩托车，解决了上下班的困难。妻子对我倍加关怀，凡是有飞行任务时，她都站在大门外等候。倾听远处摩托车的声音，眺望远处熟悉的身影。她还亲自去过机场，就在塔台上看着我起飞，直冲蓝天。期间有机会，她上了我驾驶的飞机，坐在那一排排繁杂的按钮前，她一边感叹驾驶飞机的艰难，一边佩服我技术的高超。当时我心里窃喜，妻子的第二个感受更让我欣喜和在意。

　　平静的生活里，女儿倩婷出生了，家中陡然增添了许多乐趣。看着女儿胖嘟嘟的小脸，我内心无比兴奋，但是她也带来许多甜蜜的烦恼，有时搞得我们手忙脚乱。女儿慢慢长大，她喜欢自己在地上爬着玩儿，随手抓起地上的小颗粒或者是丢弃的小药丸，毫不顾忌地往嘴里送。我整日在部队忙碌，妻子在幼儿园上班，也无暇照顾。这时岳母站出来，向我的母亲提出：要孙女，还是要庄稼？两位老人在谈笑中做出了艰难的选择，母亲放下家里的一切事务，来到了遵化。母亲的勤劳不仅带好了孩子，还把家里操持得井井有条，直到女儿达到入托年龄，母亲才返回老家。

　　一次，我在飞行中遇到了险情，差一点机毁人亡。当时我和一名战友飞夜航，我们驾驶校正机去空中查看天气状况是否符合飞行条件，到了空中发现风很大，我们决定返航降落，但此时风速已经大到超出了降落条件，风一吹，我们的落点将会偏出去二三十米。我们驾驶着飞机在空中盘旋，等待风速减缓，但直到燃油即将耗尽，风速也没有明显变化，这迫使我们做出决定：降！我运用平时排难的技巧，经过反反复复操作，让飞机沿着山坡飞下来，落到了另一边机场，最终化险为夷，还为此立了三等功！妻子为我做了一顿美餐，称赞我的机智和勇敢。

8年间，张瑶一直陪伴我生活在飞行部队，她虽然口中不言，内心却始终担惊受怕。一个又一个飞行日，只要听不到发动机的轰鸣声，她就会立刻紧张起来；每到周五的晚上，她听不到摩托声的轰隆声，就知道我加班回不来了。女儿出生后，母亲来之前，一直是她一个人边上班边带孩子，女儿倩婷刚会走路，就送去幼儿园了。

选拔航天员时，妻子和女儿也被调到北京进行体检。如果她们体检不合格，我也要落选。张瑶专门跟我谈了一次，她郑重地对我说：如果我不合格，决不耽误你的前程。看着妻子认真的样子，我心里异常感动。最终我以平常的心态告诉妻子：迎接国家的挑选，保全幸福的家庭！

千挑万选中，我如愿进入首批航天员行列，成为一名光荣的航天员。1998年1月，张瑶也随我来到北京航天城，从此我开始了艰苦的训练生活。那段时间，简直是意志和力量的极限挑战，各种训练科目一起袭来，有时坐完旋转椅、回到家里都不想说话，每每这时，妻子端来热茶，为我做身体按摩，帮我解除疲劳，让我精神放松。从1998年到2008年，这十年的刻苦训练，妻子始终在贴心陪伴，家里的一切负担全落在她的身上。最大的问题还是孩子上学，不仅要上好课堂上的功课，还要赶着上各种补习班，这副重担就压在了张瑶的肩上。

2008年，我顺利入选神舟七号乘组。备战神舟七号任务的日子里，需要再次进行水下训练，水下模拟失重训练是对我们最大的考验，出水后基本临近虚脱状态。张瑶每次都要在家熬好鸡汤，送到现场，当我从水中拖着疲惫的身体出来，喝上一碗鸡汤，所有的疲惫都烟消云散了。

在神舟七号飞行的三天里，她几乎没有合眼，有时就睡在沙发上，每过一会儿，就起来问问飞行情况。当飞行中出现意外情况时，舱门打不开，误报火警响起，她更是无法平静，只有上中学的女儿不断安慰她。

最终，我协助翟志刚完成了我国第一次舱外行走，当我们排除万难打开舱门、把五星红旗高高举起时，妻子情不自禁地落下了眼泪。神舟七号的成功，谱写了中国航天的新篇章，在中国航天史上树立了不朽的丰碑。

神舟七号任务后，13年的训练，13年的期盼，背后是亲人和家庭的支持。特别是近几年，妻子退休在家，女儿也参加了工作。她们以饱满的热情支持我参加各种训练，让我安心地做着首飞空间站的准备。备战空间站的任务异常艰巨而复杂，因为我们将在世界面前展现中国载人航天的伟大成就。神舟十二号乘组确定时，我成功入选，这激起了我周身的力量。那一刻，我仿佛已经站在了机械臂上。每逢喜悦的时刻，我总会把消息第一个告诉张瑶，军功章有我的一半，也有她的一半。

回顾事业的征程，忆昔 30 年的婚姻生活，真是感慨万千！当年校长把宝贝女儿交给我，我也许诺给她终生的幸福，但一路走来，都是她在背后默默地付出。

这次神舟十二号出征，我一再告诉她，相信我们国家的航天技术，相信飞船、火箭，相信新一代"飞天"舱外航天服。我告诉她，这次飞行时间比较久，在我飞行的日子里，要和朋友多出去走一走、看一看，不要在家一直守着电视，那样谁都会紧张。好在每个周日，我们都可以进行视频通话。我也承诺，等退休后一定带她走遍祖国的大江南北，并到地中海沿岸国家游览一圈儿。

飞行期间，每次通话，我不断给妻子介绍我在太空看到的风景，那里有黑色的太空、蓝色的地球，以及我在天上看到的不一样的山川河流。这种温暖的相处、温情的倾诉，更加拉近了我和妻子的距离，有时候，聊着聊着，我们真的觉着，我只是去不远处出了一趟普通的差，很快就会回家。我想，这样我能为张瑶带来一些安全感，这也是我在太空能为她做的为数不多的事情之一。

女儿每次跟我通话，都会把现场氛围调整到最佳状态，不然怎么说女儿是爸爸的"小棉袄"呢！倩婷从小就很懂事，尽管从中学到大学，我都没有很好地陪伴她；但我们每个周末都有很好的交流，她最喜欢听我讲小时候的故事，我们那一代人几乎都是靠读书改变自己的命运，不然一个农村的孩子怎么会有今天的飞天机会。她更知道感恩国家，感恩社会，所以大学一毕业就响应国家号召，积极投身部队这个大熔炉。新二代航天人在她身上体现得淋漓尽致，对航天事业充满无限的爱，跟随父辈的步伐，敢于攀登，敢于挑战新知识，用知识丰富航天新内容，用探险精神不断开启时代新征程。

在 2008 年太空飞行期间，任务总指挥部特意安排我们与家人进行了天地通话。女儿倩婷还给我念了一首自己写的小诗："十年磨一剑，梦圆天外天；一飞举世惊，高歌奏凯旋。"亲人的问候和祝福，令我感到无比温馨。

这次飞天，我给家里打的第一个电话是在 6 月 24 日晚上。女儿记着我出发前的叮嘱，带着妈妈出去散心了。接到我电话的时候，她们正在上海外滩看夜景。"爸！爸！"听到电话里的声音，我就能想象出她欢欣雀跃的样子。这次在天上，女儿给我写了一封信。她说：

"爸，我和别的女儿一样，也盼着每天能和您在一起，我也知道你有多爱我和妈妈，但我和别的女儿又不一样，因为我的父亲，不仅仅只属于我。"

读到这里，我心里既难过又开心，难过的是我不能像别的父亲那样给她悉心的照顾和陪伴，但我也为有这样一个懂事的"小棉袄"自豪！

30 年的婚姻，我与妻子相濡以沫，从未争吵，偶尔的分歧，也都在和颜悦色中化解。妻子的温婉贤德、善解人意令我欣慰和满足。女儿的出生，让我们的爱情有了更加绵长的寄托。对于她

刘伯明、妻子、女儿和女婿

们，我是挚爱、至情，感动、感恩。我们一同开启了家庭这个幸福的港湾，徜徉其中、自由遨游。我也和普通人一样，尝试了人生的酸甜苦辣，走过了岁月的苦乐年华。

我想，此时此刻她们可以感受到，头顶 400 公里处这颗火热的心。

刘伯明和妻子

第八章

银河感悟

在轨工作满月，却不是地面上的满月。透过舷窗眺望漆黑的宇宙，漫天的星云。也不知哪里是城市的灯光，只觉得被群星环绕！不由得感叹起：严寒冬天的猎户金腰带，炎炎夏日的北斗七星，为多少迷失方向的人找到了回家的路。

第 17 篇

2021年7月17日

今天，我们神舟十二号乘组正好在轨工作满月。一个月来，地面的工作人员与我们乘组天地连线，同心同德，心系一处，共同谱写了中国载人航天新篇章。

天上星星数不清，一闪一闪亮晶晶。看得见的每颗星悬挂在天边，星罗棋布，却很少有人问津。唯有银河两岸，群星荟萃，才让世人仰望星空久久不能释怀，因为它们懂得一个道理——"只有相互照耀，才能群星闪烁！"我们英雄的航天员群体就是一个典范，一个乘组在飞，全体都在飞，乘组一心，天地一心。

在这个重要的日子，航天员中心飞控试验队给我们写了一封感人至深的信，读过几遍，暖流遍布全身。

信全文如下：

亲爱的海胜同志，伯明同志，洪波同志：

好像只是一转眼，你们已在400公里高的新房里度过了30天，住得还舒适愉悦吗？好像只是一转眼，你们绕着人类的摇篮遨游了400多圈，飞得还惬意畅快吗？

好像只是一转眼，又好像每一天、每一时、每一刻都值得细细品味，铭记于心。忘不了你们踏上征途时坚毅的目光，忘不了你们游进核心舱时欣喜的嘴角，也忘不了你们专注地盯着屏幕，麻利地拆着快递，美美地啃着苹果，快乐地挥手致意。忘不了那句坚定铿锵的"请总书记放心！请全国人民放心！"，忘不了那句饱含深情的"祝伟大的中国共产党生日快乐！"，也忘不了那句接地气的"这外面太漂亮了，老亮了！"。

是你们告诉世界，为了人类的和平与进步，中国人不仅再次来到了太空，更揭开了载人航天新篇章的序幕。是你们为祖国扬起最高的红，是你们成了天地间最美的蓝！

在已度过的每一天，你们都在创造新的历史；在意义非凡的每一天，我们都在见证着、支持着、欣慰着你们新创造的历史。而在未来的两个月里，请代我们，多多触摸这深邃的寰宇；请代我们，多多凝视这迷人的星球；请代我们，多多赞叹这秀美的河山；请代我们，多多呼唤这亲切的名字——中国航天员中心！这里，是你们永远的大本营、大后方；这里，有我绝不掉线、绝不掉链、绝不掉色的飞控试验队，通过绵延的曲线与你们的呼吸同步、伴着跃动的数字与你们的心跳共振，誓为你们递上有力的臂膀，筑起坚实的后盾，守护共同的荣光！

海胜同志，伯明同志，洪波同志！让我们与你们约定：来日我们共同庆祝，共祝你们已酬的壮志，共祝我们共圆的梦想，共祝新中国的新辉煌，新时代的新希望！

我们在这儿，等你们回家！

飞控试验队全体

2021 年 7 月 17 日

第 18 篇

2021年7月18日

空间站的家是"大家"，在轨工作满月，却不是地面上的满月。透过舷窗眺望漆黑的宇宙，漫天的星云。也不知哪里是城市的灯光，只觉得被群星环绕！不由得感叹起：严寒冬天的猎户金腰带，炎炎夏日的北斗七星，为多少迷失方向的人找到了回家的路。

　　曾经，也有人给我照亮前行的路，但后来她却永远离我而去了。这个人就是我的母亲。

　　我家在农村，按照常理，我家6个兄弟姐妹，在那个年代生活本应艰难。但得益于母亲的勤劳操持，我们从未受饥寒冻馁之苦。我母亲很能干，在操持家务方面是一把好手。每年我母亲会养两头猪，到年底的时候，卖掉一头，杀掉一头。杀掉的这头一点儿都不卖，全部留下给自家吃。一头猪好几百斤重，母亲开始展示绝活儿。先拿一堆冰块将一部分肉冻起来，留着过年吃；再用一个大瓷缸，腌上满满一缸猪肉，夏天也有了猪肉吃。这样，即便我四个姑姑过年全部回家看望我奶奶，也能够一大家子吃。我的姑姑们对我家也帮衬不少，一个姑姑保障我家的煤，一个姑姑带来鱼肉等年货。所以总的来看，我家虽然过得并不富裕，但也从未缺吃少穿。

家人的能干让我们兄弟姐妹免除了下地劳作之苦。即便是我的大哥，作为应当担负更多责任的老大，在高考失利之前，也没去参加繁重的农务劳作。我母亲在我家最辛苦，由于自家偏僻，我高中就读的学校距离家中有十多公里，在路上就要花一个多小时。为了让我吃上早饭，母亲凌晨 5 点就起床做饭。因上学路途较远，冬天冷的时候，我的衣服通常都湿透了，母亲每天熬到深夜也要将衣服烤干，让我第二天能穿上暖和的干衣服上学。

我对什么事物都很好奇。小时候，父亲有一台宝贝收音机，每次收工回来，都要用它来收听新闻、天气预报和一些综艺节目。在当时，这个收音机是一个大家当，一旦父亲去下地干活了，收音机无人敢动。我对这个宝贝垂涎已久，特别想弄明白：这个小匣子为什么能发出声？为什么能装下那么多故事？

有一天，趁父亲不在家，我再也忍不住了，偷偷把收音机拆了。我趴在地上，正兴致勃勃地研究线路板时，突然身后传来父亲怒不可遏的声音：伯明，你在干啥？怎么把我的收音机给拆了？"说完，父亲捡起一根树枝就要打我。母亲赶紧拦住，劝说道：孩子爱动脑筋，爱琢磨问题，这是好事。孩子一直都很懂事，知道你爱惜收音机，他会注意不给弄坏的。是吧，伯明？"母亲的话，特别是最后一句，让我感到了极大的信任。

2003 年让人记忆深刻。这一年发生了很多很多事情，非典肆虐全国，神舟五号成功发射，同样在这一年，不到 60 岁的母亲永远离我而去了。按照计划，10月份，我们全体同志要去酒泉卫星发射中心参加逃逸救生训练。但就在这时，噩耗传来，我的母亲去世了。第一个得到消息的是我妻子，关键时期，她拿不准要不要告诉我，便去和领导商量，结果双方都犯了难。犹豫再三，他们决定，还得由我个人决策。

母亲对一个家庭影响最大，只要是一个和谐的家庭，母亲的地位是至关重要的。我与母亲感情深厚，得知母亲去世的消息后，没有任何犹豫，立即回到了东北老家，就为了送我母亲最后一程。单位派了两名同志陪我一起奔丧，当我站在母亲灵柩前，热泪止不住扑簌簌地落了下来，这是我第一次感受失去亲人的痛苦。想到未曾为母亲尽孝，她就永远离开我们，内心的哀思无法用语言尽诉。这时我也真正体会到古人所说的，忠孝不能两全啊！

三天后，我按时回到部队，投入训练。但送别了母亲后，我一直没能从悲伤的情绪中走出来。独处时，母亲的音容笑貌总会突然出现在我的脑海里，到晚上睡觉时，与母亲相处的点点滴滴就像电影一样在我脑海中回放。冬天，母亲每天晚上都要把我们的棉裤棉袄烤干；上高中时，天天早早起来给我准备早饭……每每想到这些，我的内心就像针刺一样疼。我会悔恨，为什么没有早一点回到家里看母亲最后一眼，陪她最后一程。

母亲的去世让我沉浸在深深的悲恸之中，郁郁寡欢。心理老师觉察出了我的异样，开始做我的心理工作。妻子和战友，更是数不清次数地劝慰我、陪伴我。他们劝我说，生老病死没有谁能够左右，再加上这是非典特殊时期，即便你早知道也没有办法啊，天下哪个孩子不爱自己的母亲，爱自己的母亲就应该以实际行动来回报。随着时间的推移，慢慢地，我自己也走了出来，家人没有告诉我，其实就是想让我安心执行任务。虽然这次任务没有执行，可后边还有很多任务呢，我不能这样消沉下去。

把这些问题想明白后，我一下子振作起来了。把对母亲的思念化作了强大的力量，推着我继续坚定不移地往前走。我暗下决心，一定要更加刻苦地学习训练，用最好的成绩告慰母亲在天之灵，回报领导和战友对我的关心帮助。我学习变得更加发奋，为了弥补差距，我把进入大队以来所有的专业书籍都找出来，进行复习回顾、系统梳理，火箭、飞船、载人航天工程、医学……我把所有需要学习的领域分门别类，一边学习一边做笔记，写下了六七万字的心得体会，为后续飞行任务打下了坚实基础。

2008年飞天回来之后，我来到母亲坟前，把这些笔记"付之一炬"，将我成功飞天的好消息告诉母亲，也告慰母亲的在天之灵。

想到此前种种经历，我再次湿了眼眶。小时候大人常说，亲人去世之后，会变成一颗星，在天上守候自己爱的人。我愿意相信，我的母亲从来没有离我远去。我望向舷窗外，想象最亮的那颗星是我的母亲："母亲，小二儿来看望您了！"

第九章

太空生活

这次飞行是我的第二次太空之旅，我能明显感觉到骨量流失，骨密度下降，肌肉快速萎缩，两次出舱带来的辐射风险增加。空间站是我在太空的唯一立足点，为了积累更多的经验去探索更遥远的深空，所有付出都是值得的。

第 19 篇

2021年7月20日

经常有人问我，去"太空出差"要带行李吗？行李箱里都装些什么？航天员的随身行李并不多，行李箱和大家平常坐飞机时带的随身行李尺寸接近。这些随身物品全部经过严格检验，包括尺寸、质量、材质等，还需要经过反复测验，最后才由专职人员按照装船程序放置在飞船的指定位置。航天员带上太空的私人物品都是经过精挑细选的，但也代表着个人的兴趣爱好和性格特点，主要是为了能够更好地度过这三个月的太空生活。

　　神舟十二号乘组要在空间站度过三个月。汤洪波给他儿子录了很多平常生活的视频以及和他爱人一起生活的录像。他是第一次执行航天任务，带上去在平时不忙的时候看一看，也是他工作之余的放松；还有一个红薯，也跟着他从家乡到东风航天城，然后坐着飞船进入我国空间站，他要亲自观察红薯发芽的过程。海胜也带了一些私人物品。

　　我带了一张全家福，在比较累或比较烦躁的时候，看一看，能够让心理得到很大的舒缓和放松；带了一个牛布偶娃娃，牛气冲天嘛；还带了一小袋助眠的中草药籽。这些东西，有的是随天

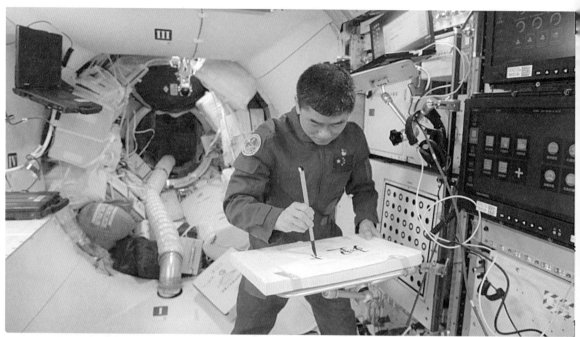

刘伯明在空间站用毛笔写字

舟货运飞船上来的，有的是随天和核心舱上来的，还有的是随我们载人飞船一起上来的。我还带了笔墨纸砚，闲暇之余，在太空写写毛笔字。

入轨初期的失重生理现象，有点像地面做倒立，面部充血、肿胀。我本来眼睛就有点儿小，脸部一肿胀，显得更小了，别人看了，还以为我没睡醒呢！皮肤有时会泛红，但特别有光泽，毛孔全部打开，感觉做过脸部保养，甚至有些地面人员觉得是我们的太空伙食太好，给吃胖了。

我个人感觉比较明显的变化是视力下降，在地面看书可以不用花镜，但在这里看书，没眼镜不成。这主要是大脑周围液体压力增加导致的。太空中是微重力环境，无法把血液、脑液以及其他液体吸引到身体的下半部分。因此，大脑中的液体不能正常排出，这往往会增加头部的压力。当然，每个人的直观感觉也不一样。有的航天员适应得就很快，我是在休息得好且工作强度不大时，感觉状态会明显好转。为了录制地面需要的视频，我用冷敷的方法降低眼睛周边的压力，这是女儿告诉我的方法。也许这种损伤回到地面也不一定会永远消失。

这次飞行是我的第二次太空之旅，我能明显感觉到骨量流失，骨密度下降，肌肉快速萎缩，两次出舱带来的辐射风险增加。空间站是我在太空的唯一立足点，为了积累更多的经验去探索更遥远的深空，所有付出都是值得的。

在漂浮状态下睡觉，看起来最大不同似乎是不需要枕头，但其实在太空睡觉并不像想象得那么简单，更不像电视里看到的那样惬意。尤其在最初几天还没有完全适应的状态下，经常会出现睡梦中碰到硬质物体的情况——头上方有一个金属的加热器。试过几次之后，我决定进行一番改造，我用四周的粘扣和绳子把睡袋进行了简单固定，这样感觉睡得踏实了一些。

太空中睡觉时呼出的二氧化碳会停留在面部上方，并不会自动飘散。为了防止睡眠区二氧化碳浓度升高，在头顶的正上方，设置了一个通风口。通风口是向内吹风的，又担心吹风使温度降低，便加装了加热器。空间站本身噪声就很大，再加上风扇的"嗡嗡"声，要想睡个安稳觉，必须佩戴降噪设备，但长时间使用耳塞又对听力不好。为了有个好睡眠，我每次睡前，还是会戴上降噪耳塞，进入睡眠后就不管它了，第二天起床，我经常看到耳塞在头顶上方飘来飘去。

在太空睡觉，偶尔会感觉到有闪光照到眼睛上，即使戴上眼罩也是如此。最初是汤洪波来问我：刘师兄，你看到闪光了吗？这才引起我的注意，我慢慢观察，确实会有闪光现象。我们分析后认为，这是因为太空辐射击中了我们的视网膜，致使眼睛产生了幻觉。接下来我们能做的，就是让自己的身体慢慢适应。

在空间站，我们的作息制度和地面工作人员保持一致。在太空使用北京时间，这样地面工作人员值班和我们配合起来也会更顺畅，不然大家可能都休息不好。正常情况下，我们周六下午打扫卫生，周日可以晚起床一个小时，睡个小懒觉。我会喝杯咖啡，吃个鲜花饼或面包，然后期盼每周日下午的家人视频通话时间。我女儿从没缺席过一次，即使她妈妈不出镜，她也会单独过来和我聊一聊家常。女儿特别喜欢看我给她展示窗外美丽的地球景象。有时大队战友也过来，通过视频给我们加油鼓劲。那一刻是最幸福的。

今天是第一次在轨理发，尽管地面多次练习，还是不免担心头发碎屑会到处飘飞。为了解决这个问题，我们在理发推子上套了一个类似吸尘器一样的东西，可以把剪下的头发吸进去。因为理发工具连接的吸尘器功率不是很大，地面尝试阶段经常克服不了重力场，再怎么仔细也有碎屑飘落到地面。

开始理发了。汤洪波担任我的理发师。首先我自己得固定住身体，双脚尽力伸进脚限位器里，其次要前后摆动身体进行配合。不能剪得过多，否则会堵住吸尘器入口。没想到第一次理发就很成功，没有了重力，即便吸尘器功率不大，理出的效果却出奇的好，小工具的功能发挥得淋漓尽致。我觉得这是一件很奇特的事情。汤洪波成了我的专业理发师，我喜欢他理的短发型。

在太空写字有什么奥秘?

在太空写字是个世界性的难题。

在早期太空飞行时,曾使用过铅笔。一是石墨铅笔芯可能会碎裂,二是铅笔笔杆的木头和书写时产生的碎屑飘到电子元件上也非常危险,所以铅笔不适合带入太空。

我们日常使用的钢笔、圆珠笔,在太空实际上根本无法书写,这主要是由于失重环境造成的。平时,我们用圆珠笔写字时,在纸张摩擦力的带动下,笔头内的球珠就会在球座内滚动。由于重力存在,笔芯内的墨水会在球珠的带动下流出,这样墨水就能写在纸上。随着球珠的转动,墨水就源源不断地被带出,书写也就能持续下去。如果没有重力作用,墨水就无法持续给球珠压力,圆珠笔自然失去了作用。

相传美国发明家保罗·费舍尔花费 200 多万美元,历时 2 年多,研制出了适合太空使用的"反重力"笔。笔头部分,采用了钨制球珠和不锈钢承口防漏设计,避免气压造成的漏墨现象;笔芯部分,采用了全密封式设计并填充超黏触变性油墨,并在油墨上方冲入了氮气。当笔尖与纸张摩擦时,产生的热传递给氮气,根据热胀冷缩原理,气体压力可以代替重力将油墨推向笔尖,从而实现书写功能。此款笔曾被美国"阿波罗号"和苏联"联盟号"的乘组带着飞向太空。

　　总而言之，一支能在太空使用的笔，需要采用非常多的科技成果。但是传承两千多年的中国毛笔，完全可以"无视"太空的失重困扰。在太空使用毛笔写书法，给太空书写带来了新的思路。毛笔一般采用羊毫、狼毫或兔毫和一只笔杆制成，可以说非常简单。我在太空用的是羊毫制作的笔，笔头是由多根羊毛捆扎而成，每根毫内部并不是实心的，而是有一个空腔。笔在使用时，在毛细作用的影响下，不仅毫与毫之间可以蓄墨，而且由于空腔的存在，每一根毫内部也能蓄墨。在失重环境下，由于液体表面张力作用，墨汁会完全深入笔中且不会流出。在书写时，通过人手的力量，使得笔尖和纸产生接触，将墨水从笔尖挤压到宣纸上，整个过程都不会产生漂浮的墨水。

　　在太空写毛笔字，绝对是属于中国人的浪漫和智慧。书法进太空，将浓厚的中国传统文化带向世界，不仅体现了中国书法之美，更向全世界展示了中国力量。

太空垃圾如何分类处理?

我们航天员在"太空之家"生活期间,会产生一定的垃圾,除了可以净化、循环再利用的液体,其他垃圾需随天舟货运飞船带离"太空之家",垃圾分类压缩存储就显得尤为重要。在失重条件下,如果没有及时将垃圾压缩存储,食物残渣或水珠就会飘起来,悬浮在空中的食物残渣或者水珠一旦被航天员吸入肺中,会对航天员的身体造成危害,或者飘到空间站的设备夹缝中,也会对设备运行造成威胁。另外垃圾及时压缩存储,不仅可以压缩体积、方便储存,还可以有效防止细菌滋生。

太空垃圾的分类,在地球"干、湿"垃圾分类原则的基础上,还按照危害等级进行分类。为了防止垃圾存放期间滋生细菌,像厨余、排泄物等属于高危害等级的垃圾,在处理时需要添加防腐剂;像纸巾、塑料包装袋等普通垃圾可以放进垃圾袋,抽真空压缩,以减小体积,便于储存。

在太空进行垃圾分类时,使用的工具有垃圾压缩机、残渣收集器等。垃圾压缩机可用于压缩处理装有餐后垃圾的垃圾袋,以减小垃圾存储体积。残渣收集器可用于收集悬浮在空中的食物残渣或水珠。

液体类垃圾，如尿液、汗液和呼出的水汽等就净化为可供饮用的纯净水。压缩囤放的生活类垃圾则会随天舟货运飞船再入大气层进行焚烧。

如果在空间站生病了怎么办？

随着在轨时间越来越长，航天员生病的概率也越来越大。尤其是在工作之后易出汗，身体一不留神就会飘到出风口，容易感冒。但这对于我们来说是很普通的一件事情，除了常备的一些药物，航天员每个人都受过全面的急救训练，具备了一定的医学技能，像测血压、采血等都属于简单的操作，插导尿管、缝合伤口等复杂一些的操作，我们也是可以做到的。

另外，航天员每天都要进行健康状况监测，乘组3人互相协助，常规的有采血、眼底检查、超声检查、骨密度测试。核心舱安装了很多监测航天员身体状况的医学监测设备，有监测生理健康状态的、监测睡眠质量的、监测各项血流动力学参数的，还有"太空按摩仪"提供按摩服务，也能对航天员进行电脉冲刺激，协助航天员进行肌肉疲劳恢复和肌肉力量训练。相关指标会随时发送到地面，地面有专业医生随时进行帮助。

第十章

变慢的日子

也许出舱之前，一直有一件未了的心愿牵引着我奔腾向前，注意力高度集中，时刻准备着投入战斗。完成两次出舱任务后，突然时针好像慢了下来，之前的忙碌、那么大的压力，好像全部释放掉了一样。

第 20 篇

2021年8月20日

第一次出舱任务的圆满完成，让我们三人沉浸在喜悦的氛围中。1965 年，苏联航天员阿列克谢·列昂诺夫和美国航天员爱德华·怀特在同一年先后完成了太空行走，前者在太空中活动了 24 分钟，后者还少了一分钟。43 年后的 2008 年，中国人也完成了首次"太空行走"。

　　2008 年的神舟七号飞行任务中，在我和景海鹏的帮助下，翟志刚完成我国首次空间出舱任务。中国成为世界上第三个独立掌握空间出舱关键技术的国家。在 13 年后的神舟十二号任务中，我也完成了自己的第一次太空行走。

　　第一次出舱活动中，我们三人齐心协力，圆满完成了目标任务，检验了我国新一代舱外航天服的功能性能，首次检验了航天员与机械臂协同工作的能力及出舱活动相关支持设备的可靠性与安全性。有了这些，我们第二次出舱更有底气。

　　很快，第二次出舱任务来了。根据任务安排，我们在今天再次出舱，主要任务是抬升一台舱外全景相机，安装一套扩展泵组。我这次出舱主要是配合海胜完成相机的抬升和扩展泵的安装。

完成太空出舱任务后，刘伯明和聂海胜在舱门口合影

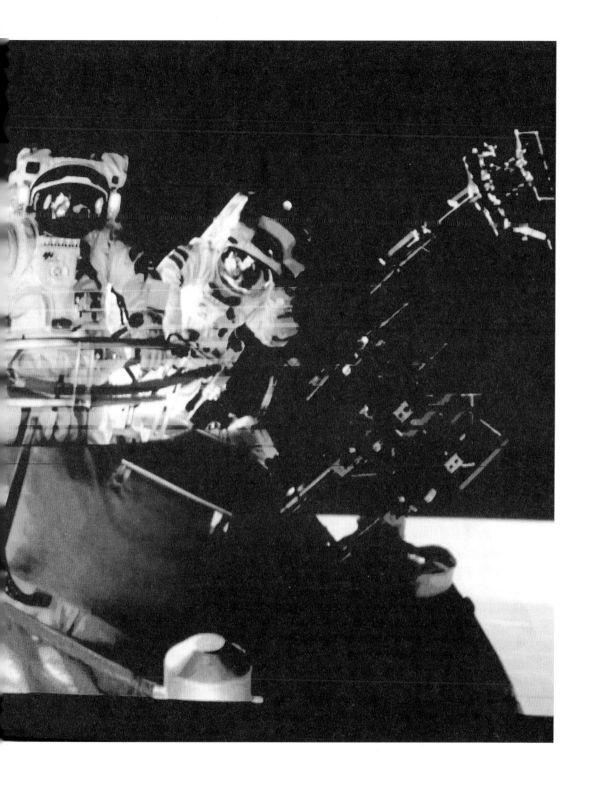

第一次的经验派上了用场。过闸段一结束，打开水升华器后，我就立刻提醒，马上把调温手柄放到最小档位，避免热量散失过早，不然像上次一样，到了阴影区又要"打寒战"。有了此前的经验，这次出舱我更加自信、从容。这次我充当"爬行者"，双手倒挂，一路攀行，来到了Ⅳ象限。经过我的睡眠区，特意驻足向内观察了一会儿，看一看里外的区别。舱内的汤洪波更是搞笑地说：听到了在舱壁上行走的脚步声。那其实是来回挂钩的过程中，磕碰金属扶手的振动回声。在太空，听到脚步声是一种奢侈呀！

当我先于海胜来到作业点时，看到站在机械臂上的他，仿佛踏着白云徐徐而来，脚下正好是大西洋的海天一色。我赶忙调整头盔上的摄像机，拍摄下这个瞬间，感觉好莱坞科幻大片都没这

刘伯明用舱外航天服上的摄像机拍下聂海胜站在机械臂上工作的场面

么震撼。海胜同时也记录下我在舱壁上移动的过程。当我们回到舱门口并排飘浮在那里时，空间站的相机也拍摄下了这个珍贵的镜头，两套"飞天"舱外航天服在太空是那么耀眼夺目！

美好的时光总是那么短暂。任务结束后，整个神舟十二号任务的两次出舱活动就全部完成了，这意味着，此时一别，不知何时再能扑进太空的怀抱。我无比留恋、依依不舍。进舱前，我再次抓握环形扶手转动360度，看着远处的天边，脚下的地球家园，不知何时才能再来欣赏这普通人一辈子也看不到的太空风景！

第一次进舱前，我感谢了所有技术人员，感谢伟大的祖国、伟大的人民。栾恩杰院士给《诗词大会》出过一道题目：请问哪一个问题是嫦娥工程能够回答的？ A. 借问嫦娥月中桂，可曾凋谢洒寒蟾；B. 借问嫦娥，当初谁种婆娑树；C. 试将杯酒问嫦娥，月殿迢迢路几何。这次我想借用毛泽东主席的诗和栾恩杰院士给《诗词大会》出的题目，将两者结合起来作了一首小诗，来赞叹全国人民对航天事业的支持，更是对自己的一种肯定：

宇宙浩瀚路迢迢，

亿万儿女架天桥。

漫步太空人不老，

中国航天接力跑。

第 21 篇

2021年8月25日

也许出舱之前，一直有一件未了的心愿牵引着我奔腾向前，注意力高度集中，时刻准备着投入战斗。完成两次出舱任务后，突然时针好像慢了下来，之前的忙碌、那么大的压力，好像全部释放掉了一样。

　　接下来的十多天就是一些常规检查和试验。在乘组内部，我们三人的交流已经到了"词穷"的地步，每个人的家庭情况都"摸"得一清二楚，如数家珍，熟悉得不能再熟悉了，也就没有了新鲜感，大概这就是所谓的"瓶颈期"吧。我开始不断进行自我调节，不断地和地面人员交流，也试着用饮料汁调制几种含糖量和颜色饱和度都很高的颜料果汁，因为当时没有彩笔，只有饮料有颜色，所以用它来代替画笔颜料创造一幅能表达出舱感想的作品。让我没想到的是，饮料含糖量很高，干了之后都是糖分。虽然画得不是很好，但远远看去还算有模有样，关键是能基本表达出我内心的一些想法。

　　闲暇之余，我不时地周转于各窗口之间。透过舷窗，我看到蔚蓝色的地球，长长的海岸线，变幻莫测的高空浮云，威力巨大的台风风眼酷似一朵朵白云在翻滚，这些大自然赋予的美丽景观尽收眼底，在独一无二的太空视角下看得一清二楚。我喜欢地理，喜欢看《地图上的世界简史》。舱内的桌面有个星下点轨迹，头一天知道空间站大致飞行区域后，我会对照地图找找有没有我感兴趣的地理位置，为第二天的观察和拍摄做好准备。结合这本书，通过地图星下点找到我们在世界的位置，接近这个位置，探知我们人类的历史。

趴在舱窗边上的时候，我喜欢穿过茫茫大气层，去寻找那些来自地图上的标识。每一次飞过祖国上空，我都会对照地图仔细寻找。不知是哪一圈儿飞到了青藏高原上空，巍巍高山阻断了南亚大陆的污染，高原上面密布着无数的湖泊，不愧它享有的亚洲水塔的美誉。它更是世界屋脊，是我国西南部一道天然屏障。奔流而下的长江，弯曲回转的黄河，真是巧夺天工，江河两岸哺育了多少华夏儿女。美丽的宝岛台湾犹如一片松板倾斜插在太平洋，南面高山环抱，北面绿色葱葱，隔海相望，急盼早日回归。

尽管我在地面不断地练习摄影技术，包括练习各种运动场景下的拍摄技巧，但现在看来，这些练习并没有带来太大的帮助。因为在空间站内，多数情况下是惯性定向，地球自转叠加核心舱前行滚动速度，专业照相机就不那么敏感了，这就充分体现出国产手机的优越性，由于它的体积小，很容易把它贴在舱窗上取景、拍照，而且其捕捉动态的效果非常的理想。我拍摄了很多照片，但夜景并不多，因为舱内光线太亮，外面光线又暗，照片效果都不是特别好！但北京的夜景再怎么辛苦也要拍下来。从太空望下去，北京六环以内所有灯光尽收眼底，在环路灯光的映衬下，北京是那么美，放射状的城市布局清晰可辨。从灯光的布局便可看出首都的包容、大气和宽广的胸怀，城市布局从中心城区向四周辐射，来自四面八方的人们紧紧簇拥在一起，首都就代表着国家，不同民族的同胞携手前行、仰望星空，为这个国家的复兴呕心沥血。

我很想用镜头搜寻当年成吉思汗出征大军的所到之处，将独特的太空视角和历史地图叠合，一窥其今昔变化。据说当年南宋的钓鱼城拯救了半个世界，只因大汗孙子蒙哥攻城不克而牺牲于此。不然整个欧洲、西亚、非洲也不是现在的格局了。

在太空执行任务之余，除了拍照，更多业余时间是看大家都喜欢的电视节目，比如《最强大脑》《诗词大会》，共同追忆我们的学生时代。没有汗水，就没有青春；没有军营，哪里有嘹亮的歌声？

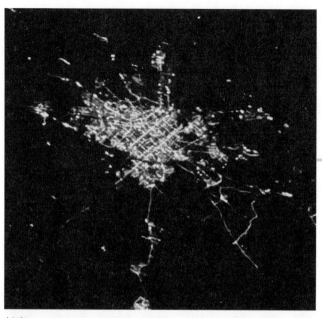

长春

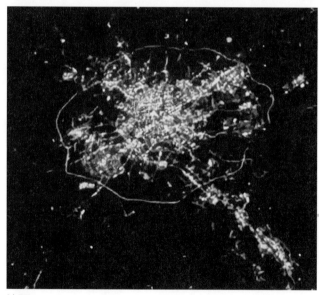

沈阳

　　万家灯火——夕阳最后的光芒洒落在大气层上，形成一条耀眼的光带，光带上方是深邃的太空，下方是中国东北大地上两座巍然耸立的城市——沈阳和长春。密集的灯光下，是橙红油亮的锅包肉，是烟火缭绕的嘈杂夜市，更是老铁们的快意人生。

追忆

国家的发展，时代的进步，满足了孩子们对太空的好奇与渴望。我们那时候就没有这么幸运了，连阿姆斯特朗登上月球的爆炸性新闻，我也是很多年后在图书馆的旧报纸上才看到的。

第 22 篇

2021年9月3日

今天有一场天地连线直播活动，活动主题是"时代精神耀香江"之仰望星空话天宫。昨天地面人员在邮箱也给我发了内容介绍。我主要负责给广大香港同胞介绍空间站概况和我们的生活工作区域，重点是介绍我两次出舱的感受。参加这次活动的是近300名香港科技工作者、教师和学生。这次不是录播，大家都有些许紧张。我们要在直播中回答大家的问题，并同步进行在轨展示。如果前面我们三位的展示内容过快就会剩下很多的时间，所以最后结尾的时间由我来掌控，我必须做好充分发挥的准备。

昨天晚上，我从9点开始自己写稿子，全部都是自己的亲身体会。花费了2小时，我手写了6页多纸的内容，把出舱看到的、感悟到的都一并写了下来。到了11点半，我惊讶地发现，他们俩竟然还未睡觉！原来他们一直等着我写完给他们演示一遍。可见从地面到天宫，大家对这次活动都非常重视。据说很多香港政要也将出席。我对他俩说：请放心，我写的东西都是自己的亲身体会，能写出来就可以原封不动地讲出来。

"香港呼叫神舟十二号！"14点09分，备受期待的天地连线互动活动开始了。我们三人放下手头工作，依次飘到摄像机前，向地球家人挥手问好。香港主会场人员也纷纷向我们招手致意。

聂海胜向香港青年学生表演了"太极拳""倒立骑自行车"等，引起地面现场的热烈掌声。汤洪波针对如何在失重环境中做实验的问题进行解答，并同步进行在轨展示。

香港的小朋友问我："出舱后能看到香港吗？"我仔细想了想，回答道："我在舱内透过舷窗看北京和香港的夜景，和在舱外看到的完全不一样，我想起了香港的维多利亚港湾，看到了香港的繁荣夜景，也看到了北京的包容万象，见证了香港的繁华与北京的胸怀。脚下的璀璨银河，让我想起来夏日夜晚的北斗七星，它们照亮了回家的路，这给了我一个启示：只有相互照耀，才能群星闪烁。"

直播中，我在镜头前带领大家参观了空间站天和核心舱，一一向大家介绍了相关的设备。大家普遍对我们的太空生活很好奇，我向他们介绍了在太空失重环境下如何做实验，如何进行锻炼、饮水、吃饭，演示了航天员的太空生活。

快结束的时候，我对着屏幕展示了一幅画，那是我两次出舱后画的，我在直播中许诺会给香港的小朋友带回去。一路讲解下来，非常的顺畅，时间也正好，他俩都竖起大拇指："不光写得好，讲得更好！"

这次活动让我想起来 10 天前的另外一场活动，中央电视台的节目《开学第一课》，我在节目中，给同学们介绍了整个空间站的布局，也让学生们看到了我们的睡眠区，还给他们展示了失重的特点和水处理的过程。尤其是表演了"太空喝功夫茶"，不仅可以用嘴吸，还可以用筷子夹。

此次活动对我触动也非常大，我曾经也是学生，甚至到今天我仍然是一名学生，深知学生对知识的渴望。我羡慕的是当代学生所处的优渥环境——如果他们对火箭感兴趣，可以动手造小火箭；如果他们想了解太空的真实环境，"太空出差"的航天员可以现场演示。国家的发展，时代的进步，满足了孩子们对太空的好奇与渴望。我们那时候就没有这么幸运了，连阿姆斯特朗登上月球的爆炸性新闻，我也是很多年后在图书馆的旧报纸上才看到的。

但现在回想起来，很多航天员必须具备的素质，都是在儿时打下的基础。或许是不经意的，却让我受益匪浅。比如身体素质，就与我小时候的活泼好动有关。我们那个年代没有丰富多彩的娱乐活动，更没有各种各样的电子产品，我和小伙伴只能自己"找乐子"。我们在野地里撒了欢儿地跑，这让我后来成了队里的百米健将；我们组队进行接力赛，让我从小便有了团队协作意识。诸如此类的品质在我成为航天员后，日常进行体能训练和执行任务时，都发挥了很大作用。

这让我想起来另外一件事。我从小想问题的角度就和别人不一样。一次姑姑跟我开玩笑："小二啊，咱长得也不高，力气也不大，以后考不上学，可咋办啊？"我想了想说："这个好办啊，让我妈去村里打听打听，谁家闺女最能干，就娶谁家闺女。"大家伙儿被我逗得哈哈大笑："这小子，脑瓜子就是和别人不一样！"

在家乡读书的时间，也是身体锻炼最好的时光。我骑自行车上下学，每天往返20多公里，至今我都认为我的身体素质还算不错，其实就是那时打下的底子。骑车上下学很辛苦，农村的道路坑坑洼洼，自行车骑出来过山车的感觉。夏天的时候，骑到半路还经常突然下雨，衣服被淋湿了，却没有备用的衣服，只能坐在教室里，用体温把衣服烘干。那时候大部分人对"雨衣"压根没啥概念，更别提哪家父母会给孩子买件雨衣了。冬天最辛苦，天寒地冻不算，还经常逆风骑行。学校在我家的东南边，早上出门时刮东南风，傍晚回家时刮西北风，我总是在"逆行"。那时候没有羽绒服，全凭着棉衣御寒，穿在身上那是又厚又笨。我的通勤装备是一件军大衣，一条大围脖和一顶厚军帽，我每天出门时把自己捂得严严实实，就留出来一双眼睛。依安县早上气温能到零下30摄氏度，天寒地冻，哈口气都能结成霜。树木、土壤，甚至是空气，一切好像都被冻住了。有一次，我骑到半路，自行车的脚镫子被摔弯了，我想找块石头把它给砸回来，可是别说石头了，就连土疙瘩都没有，全被冻住了，根本抠不下来。不得已，我只能推着自行车往前走。风尘仆仆赶到学校时，浑身上下披着一层白霜。每次，我作为班里唯一的走读生，一推开教室的门，准会把大家逗乐，老师也看着我笑：嘿，来了个雪人儿。高中三年我最大的收获是把身体锻炼好了，把意志力磨炼出来了，后来我遇到很多困难，当我静下心来分析的时候，我觉着，它们好像都没有我高中求学的那段时光艰难，所以，最后我总能鼓励自己渡过难关，把这些困难踩到脚下。

当航天员心理素质要过关，不然怎么处置类似舱门打不开的险情？我对自己的心理素质很自信，或许从小时候就可见一斑。我记得三年级的一个暑假，老师布置了一项任务，四年级马上要用圆规，需要我们提前准备好。当时村子里没有卖的，得去乡里的商店购买，我们三个小孩一商量，决定顺着土路走 20 多里地去把圆规买回来，买完后再走 20 多里路回去？那到家肯定都半夜了。三个小伙伴虽然自诩为男子汉，毕竟还不到 10 岁，想想就有点发怵。一番衡量，两个朋友找到了退路，他们决定去投奔乡里的亲戚，我只能自己回家。正好有一列火车经过新屯乡，小孩子不用买票，下午两点钟，我准时上了车，心里默念着，两站后就下车，两站后就下车。一站，两站，就要到了，我早早地等在了车门口。列车进站，缓缓地停下了，我满心欢喜地准备下车，车门却迟迟不打开。四处张望才发现，原来这一站没开这扇门，开的是隔壁车厢门。反应过来后，我拔腿就往另一个车厢跑，但还是慢了一步，没等冲到门口，车门已经关上了。第一次坐火车的我错过了站。我当时没有慌，找到了列车员，问他："下一站是哪儿？""富海。""离这边多远呐？""十几公里，不到 20 公里。""那我在这站下""你站这儿别动，下一站我就开这个门儿。"到富海，天已经黑了，我下了车，还要走 10 多公里回家，但我不认识路。想了想，我决定沿着铁路走回去。近 20 公里的铁路，比早上去乡里的土路还长。我深一脚浅一脚，中间还路过一片坟地，我大气不敢出，低头快速往前走。凌晨四点钟，我回到了家里，推开门，家人正在呼呼大睡呢！兄妹六人平时野惯了，父母并没有意识到我一夜未归！现在回想起来，我也为当时自己的镇定而震惊，但我当时就一个目标：怎么能找到家。

读中学时，我搬到了姥姥家，在依安县红星乡。红星乡和我出生的新屯乡虽然相邻，在地广人稀的黑土地上，却也相隔近30公里，所以上中学后我很少回老家。我姥姥是评书演员，家里武侠类书籍非常多，那时，我熟读《三侠五义》《七侠五义》《隋唐英雄传》，和大部分同龄人一样，侠客、江湖、正义等元素，构建起我心中最早的英雄梦。后来，报考飞行员、航天员，这种"英雄"的梦想一直是我心中的底色，也是鼓励我坚持下去的动力之一。

我出生的时代，是一个对"英雄"有着至高崇敬之情的年代。但随着年龄的增长，我对"英雄"的理解发生了改变，英雄梦也越来越具象化，从小说里的三侠五义到了现实中的飞天勇士。在这个过程中，我的梦想也从书中到现实、从虚无到具体、从生根到开花，一点一点、一步一步地"美梦成真"。

说到这儿，还有一件事颇为有趣儿。前几年回老家，一时兴起，想去看看老房子，于是驱车前往。到了新屯乡之后，村子已经变了模样，儿时的旧房子大都推倒重建，整个村子面貌焕然一新。在为家乡的发展欣喜之余，心里也难免有点失落：恐怕是见不到我出生的老房子了。走在村里，大多数都是陌生面孔，但他们却能认出我，年长的能喊出我的名字，年轻点的喊我刘叔叔，再小的喊我刘大爷。循着记忆找到家门口，惊喜地发现，老房子还在！更让我没想到的是，至今还有人在里边居住。原来，我们一家搬走后，尤其是我考上飞行员后，就不断有人住进来。在老乡们的眼里，这栋房子走出过村里唯一的大学生，还是一名了不起的航天员，说明这栋房子是喜宅，这块地是风水宝地，等到自家孩子要考学了，便想来沾沾喜气，讨个好彩头，所以这栋房子从来就没闲下来过。这是我万万没想到的：远在乡间的房子，某种程度上，竟然有了点"学区房"的味道。当然，这可能是全国最便宜的"学区房"。

　　沿着老屋转了一圈儿，发现房子虽已破旧，却仍然坚固。房子的横梁是松木做成的，历经几十年风霜雨雪，依旧将屋顶牢牢撑起，未有丝毫伤筋动骨。后来陆续住进来的人家，也顶多是对墙面破损处修修补补，整体的框架没有任何安全问题。说起这栋房子，砌墙的砖一半是由我挣下的。读中学的时候，父亲让我体验生活，介绍我去当地砖厂打工，每天只有三件事，吃饭睡觉干活。一个暑假给我干明白了：还是读书好啊。正好我家要盖房子，砖厂老板说，你要钱也行，拉砖也可以。我最后选择了砖。现在说起来，家人每每开玩笑，说我用一个月时间赚了半套房。

　　自从回了趟家后，不断有人问我，房子要不要收回来，或许能有其他用途。这些人都被我断然拒绝了，我只有一个想法：房子就是给人住的，不住就会坏，既然乡亲们不嫌弃它，我也希望它能给家乡带来正能量。

第十二章

返回地球

两侧舷窗先是出现稀少的火苗，然后星星之火不断燎原，接下来就是转进太上老君的炼丹炉。外面火光冲天，把整个返回舱严密地包裹起来……真金不怕火来炼，别人只是听说，我们才是身临其境……这是一个令我终生难忘的生日！

第 23 篇

2021年9月17日

三个月的飞行对身心真是一种极大的考验，有过夜以继日的拆卸工作，有过和习总书记通话的激动场面，有过和市民、学生交流展示的过程，所有这一切都将成为记忆。因为，我们已开始做返回准备了。巧合的是，今天是我的生日！

　　今天一项重要的工作就是清理货船。我们尽量把最后端的货格腾空，然后依次放入打包后的生活垃圾和厨房垃圾，装满一个区域的货格之后再盖上盖板。期间最烦琐的就是货包归类，一个大包，有的货物取出来不到一半，有的只剩下了一件，但货包体积并没有发生变化，因为包装采用的硬质赋形材料，所以要重新把一个个大系统的货物相对集中起来，再归类打包。一连几天，整个空间站内漂浮着各种各样的包裹，看得人心情有点烦躁。考虑到神舟十三号飞行乘组上来后还要继续使用天舟二号货船，我们几乎把所有能用到的绳索都找了出来进行捆绑固定，不然货包会到处乱飞，三个人一项一项进行，直到确认全部固定牢靠后才宣告结束。

　　满心期盼着回家，但最后撤离那一刻来临，我们又依依不舍。

天和核心舱发射后，我们乘组是第一次入驻，拆卸包裹、装饰空间，我们在这里生活了三个月，这就是我们在太空的共同家园。离开太空的家和离开地球上的家感情是类似的，都充满了不舍和留恋。我们就像出远门一样，要把家里清扫干净、关门关窗，收拾妥当，才能放心地离开。关门前，我们乘组三人在摄像机镜头前并排站定，一起向地面陪伴了我们三个月的工作人员敬礼，表达感谢之情。

我们返回到神舟十二号飞船内。平时我们每周都会过来巡检一次，所以飞船状态良好，一切正常。我们又把睡袋拿了回来，因为返回前我们还要进行绕飞和径向对接试验。在飞船内至少要休息一个晚上，中间安排一个人在返回舱值班。习惯了住大房子，再次回到这狭小空间，真切地觉得还是空间站舒服，这里吃喝、上厕所都变得不方便，两侧的舷窗长期不用布满了灰尘，我只好拿起服装通风管进行吹除，清除干净，透过舷窗又能清楚地看到地球家园了。

这次绕飞和径向对接试验都非常成功。和之前的交会对接方式相比，径向交会对接是首次出现。我们这次径向对接试验只是到达对接口位置，并不会真正对接上，这么做的目的是给后边将要上来的神舟十三号飞船做验证。神舟十三号抵达后，将在"一"字下方与核心舱进行径向交会对接，掌握了径向交会对接技术，我们就可以从核心舱的"前向""径向"同时对接两艘飞船，这样就可以实现六名航天员同时在轨飞行了。到时候，"天宫"会更加热闹。

飞船开始制动点火，那一瞬间的冲击才真切地告诉我们，要返程了，回家的路就在脚下。进入大气层，忙碌的工作中也没有停止一路上的欢声笑语，我一直告诉汤洪波仔细观察体验：两侧舷窗先是出现稀少的火苗，然后星星之火不断燎原，接下来就是转进太上老君的炼丹炉。外面火光冲天，把整个返回舱严密地包裹起来，并伴随着噼里啪啦的声响。真金不怕火来炼，别人只是听说，我们才是身临其境。舱内温度开始缓慢上升，湿气液化成水珠滚落下来，接着开伞舱盖拉开引导伞、减速伞，直到主伞打开，各种振动、过载加身，我们都是彼此用眼神交流，主伞牵引我们左右摆动起来，前庭不好的估计要呕吐了。

在晃晃荡荡的下降过程中，透过舷窗微弱的缝隙观察降落点的情况，只听"咣当"一声，飞船落地了，在飞船反冲弹击的一瞬间，我看准按钮一下就把伞切掉了。如果飞船稳定后身体姿态不好，就很难够到切伞按钮了，不幸言中了，我的头正好朝向斜下方。简单地向指挥中心汇报着陆情况后，我们就开始觉得不适应这个地球引力了，头开始眩晕。返回舱周边有很多迎接人员，包括媒体记者，我最后一个出来，此时身体出现了明显不适，面对媒体采访真是一言难尽。我尽力调整好状态，将最佳状态展现在全国人民面前，并接受媒体采访：

感谢大家的关心，这个生日终生难忘。宇宙浩瀚美丽，令人心驰神往，再次飞上苍穹，在咱们自己的空间站，进行太空漫步，是我的幸运，更是一种幸福。感谢所有科研工作者！是你们保驾护航，我们才能顺利圆满完成任务；感谢全国人民！有了你们大力的支持，我们才能建设更好的空间站。感谢习总书记带领我们迈入这个伟大的时代，我会继续努力，争取飞得更高、更远、更久，将外太空更美妙的体验、更美的风景带给亿万华夏儿女，谢谢大家。

神舟十二号返回舱在东风着陆场成功着陆

这是一个令我终生难忘的生日！

脚踏实地的感觉真好！

回家的感觉真好！

东风着陆场有哪些优势？

中国有两个飞船着陆场，一个是内蒙古四子王旗着陆场，一个是东风着陆场。东风着陆场以前一直是四子王旗着陆场的备用着陆场，神舟十二号任务是航天员第一次在东风着陆场着陆。可以说，东风着陆场从神舟十二号任务开始转正了。

东风着陆场位于内蒙古阿拉善盟额济纳旗的中南部地区，这里地域辽阔，人烟稀少，冬季干冷，夏季炎热，少雨多风。这里有沙漠、戈壁、山地，基本涵盖了需要进行试验的各种着陆地形。

东风着陆场有哪些优势呢？东风着陆场因为紧靠酒泉卫星发射中心，在各种资源上都可以依托酒泉卫星发射中心，所以仅需部署一支搜救力量，就可在发射、运行、返回各个任务段执行多样化搜救任务，不仅可以搜救飞船返回舱，还可以搜索火箭残骸和进行航天员应急搜救任务常态化值守；同时建设维持费用低，搜救能力强，还可以带动和促进地方经济发展，如现在比较火的航天旅游产业等。

神舟飞船如何返回地球家园？

飞船返回有一套设计好的程序。

第一阶段是制动减速阶段。首先，神舟十二号飞船与天和核心舱之间的对接机构进行解锁，两个航天器脱开。然后，起动推进系统，产生分离速度，同时启动 2 个航天器的姿态控制和轨道控制系统，保证飞船按预定要求撤离。飞船在太空中飞行到最后一圈儿时，地面向飞船发出返回指令，中间经过两次姿态调整。第一次调姿后，轨道舱和返回舱与推进舱组合体分离，轨道舱再入大气层后烧毁；第二次调姿后，推进舱上的发动机点火工作，使飞船降低速度，进入到返回地球的轨道。

第二阶段是自由滑行阶段。返回舱与推进舱组合体离开原来的运行轨道后，就以无动力飞行状态自由下降。当返回舱与推进舱组合体高度降至距离地面 140 千米时，推进舱和返回舱分离，推进舱在进入大气层时烧毁，返回舱继续下降。这时，必须将再入姿态角（速度方向与当地水平面的夹角）精确地控制在 1.5 度至 1.7 度。如果再入姿态角太大，返回舱在再入大气层时会由于速度太快，而使最大过载超标，航天员受不了，返回舱甚至会像流星一样在大气层中烧毁；如果再入姿态角太小，返回舱会从大气层边缘擦边而过，无法返回。

第三阶段是再入大气层阶段。返回舱在距离地面100千米时开始再入大气层。返回舱以7.9千米/秒的速度再入大气层时，会与大气产生剧烈摩擦，使返回舱变成闪光的火球，周围产生等离子体层，形成"黑障"，屏蔽了电磁波，使得返回舱暂时与地面失去联系。直到距离地球约40千米时，黑障消失，返回舱又恢复与地面的联系了。从再入大气层到20千米高度期间，返回舱通过对飞船侧倾角的变化来实现返回升力控制，使得返回时的过载不大于4g，而且可以比较精确地返回到着陆场。

第四阶段是回收着陆阶段。在距地面约10千米时，伞舱盖打开，然后依次拉开引导伞、减速伞、牵顶伞和主降落伞。其中减速伞可把返回舱的速度从200米/秒减至60～70米/秒，主降落伞可把返回舱的速度由70米/秒减至5～6米/秒。另外，返回舱降到一定高度（距地面约5.5千米）还要抛掉返回舱的防热大底，以便露出返回舱底部的反推发动机。在距地面1米左右时，4台反推发动机点火，使返回舱以大约3米/秒的速度软着陆，从而保证航天员着陆时的安全。返回舱安全着陆后，其标位系统开始工作，指示自己所在的位置，以使搜索救援系统及时发现目标。

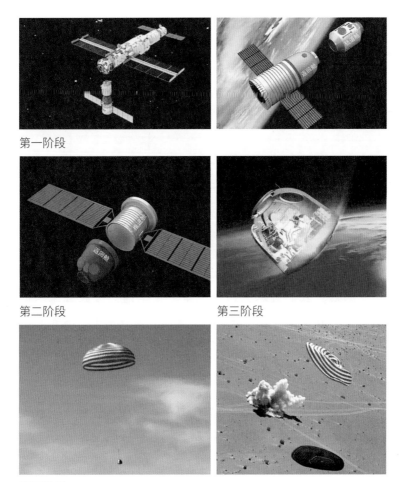

第一阶段

第二阶段　　　　　　第三阶段

第四阶段

太空飞行乘组返回后如何恢复状态?

我从出返回舱开始讲起。大家都可以看到,我们在工作人员的协助下出舱,出舱后所有活动全部采取坐位,以确保安全。这是因为航天员长期在失重环境中生活、工作后,会出现骨质疏松、肌肉萎缩和立位耐力差等问题,如果自己走容易摔倒,甚至发生骨折。

随后,我们进入医监医保车,在车内,医监医保人员协助我们脱下航天服,实施卫生清洁,更换内衣;给我们体检,采集样本,收集生理数据;评价我们的健康状况,给予必要的医监医保处置;送我们登机并全程陪护。

我们回到北京后,正式进入身体恢复期,恢复期主要分为隔离恢复阶段、疗养恢复阶段、恢复观察阶段。

首先是隔离恢复阶段,14天,在航天员公寓内,主要是适应地球重力环境,提高心血管系统和支持运动器官的功能,提高立位耐力,消除飞行后疲劳。当然会有一系列的检查,包括临床各科常规检查、立位耐力检查、平衡功能检查,人体成分分析,心血管调节与控制功能、人体功能状态检测等,适当地安排了一些平衡训练、步行训练、医疗体操等。根据医学检查、生理功能检查结果,航天员医生要对我们的健康状况进行综合分析和评估，以指导后续的恢复措施。这期间，我们与外界基本隔绝。

随后是疗养恢复阶段，大约 20 至 30 天，主要是在继续恢复健康的同时逐渐增加活动量，以进一步增强体质，加强生理机能储备，提高防病抗病的能力，尽快恢复到飞行前状态。

最后是恢复观察阶段，大约 3 个月，要将我们的各项生理参数恢复到飞行前的状态。3 个月后航天员如果身体情况良好，就可以开始正常的日常训练了。

第 24 篇

2021年9月18日

计划中的太空日记原本 9 月 17 日就是最后一篇，但返回地球家园的经历让我难以放下手中的笔，"破例"再多写一篇。

　　9 月 17 日，我们乘组 3 人回到了祖国的怀抱，"脚踏实地的感觉真好！"在酒泉东风着陆现场，我看到了高高飘扬的五星红旗，以及迎接我们的各级领导、战友们。从返回舱一出来，医生就跑过来问我："刘哥，身体感觉怎么样？"在我们整个团队，大家不论年龄大小，都这样亲切地称呼。我说："感觉良好，就是悬吊得太久了，有点难受，缓一缓就好了。"

　　在着陆场进行了简短的采访后，我们就乘坐专用车辆离开了。经过近两个小时的飞行，飞机抵达北京西郊机场，载人航天工程总指挥部的领导在机场迎接我们，对我们完成任务表示祝贺，并叮嘱我们回去好好恢复身体。

　　我们乘车返回航天城航天员公寓。一到公寓，现场就挤满了好多战友，还有我的家人、亲戚和朋友。鼓声阵阵，彩旗猎猎，掌声、欢呼声让我这个不太爱流泪的男人止不住地流下了眼泪。

　　我们乘组 3 人在感动之余，一致的想法就是给"伴飞"我们 3

个月的战友们写封感谢信，以表达我们的感谢感激之情：

中心全体同志：

在中秋佳节庆团圆、72华诞迎国庆的美好日子里，我们出差太空三人组安全回家了，行程码为专属蓝。昨日归来，由于时间仓促，没能向大家一一致谢，谨以此真诚表达我们三人对中心全体人员的拳拳敬意，并请代为转达对中心老领导、老专家以及各位战友家人的深深谢意！

有首歌《绿叶对根的感情》唱道："我是你的一片叶，我的根在你的土地上。"是祖国和人民托举我们飞天，是全体航天科技工作者用智慧和汗水，为我们搭建飞天之路、照亮飞天征途。三个月之前，你们戎装鹄立、送我们出征。三个月来，你们日夜守护、助我们飞天。天地虽远，远在天边，却近在咫尺。我们没有孤单，有太多的感动在天地间回荡。感动里，是你们近百个日夜的默默陪伴；感动里，是"你们住得还舒适愉悦吗""飞得还惬意畅快吗"的深情问候；感动里，是你们为排布井然有序工作计划的反复推演；感动里，是你们调配营养可口一日三餐的绞尽脑汁；感动里，是我们休息了、你们还在工作的忙碌身影，特别还听说有100多名同志带病坚持一线，40名同志亲属住院甚至病故、家庭受灾仍然铆在一线，有的一边输液一边坚守飞控现场，有的做完心脏手术第2天就返回上岗，有的被强行从试验队送到医院治疗。同时，还有老领导长期以来的期盼祝福、老专家长期以来的厚实积淀，以及全体同志家人们的理解支持。一幕幕，我们感动在心，更铭记在心！你们是真正的英雄！荣誉属于伟大、光荣、正确的党！

属于伟大、光荣、英雄的人民！昨日归来，皓月当空、彩旗猎猎，人群沸腾、锣鼓声声，迎我凯旋。感动永远，永远感动！

每一次归来，都是为了下一次出征。探索浩瀚宇宙，发展航天事业，建设航天强国，是我们不懈追求的航天梦。梦在前方，路在脚下。我们都是追梦人，为建设航天强国、实现中华民族伟大复兴的中国梦而努力奋斗！我们全体航天员一定牢记习总书记关怀重托，绝对忠诚，永葆青春，时刻准备，再立新功，成为你们的眼睛一起领略深邃寰宇、凝视魅力星球、赞叹秀美河山，共同构筑使命、责任、荣誉共同体，努力为党和人民争取更大光荣。青春朝气永在，志在伟业，百年仍是青年，奋斗正当时！

祝大家中秋节快乐！

祝中心明天更美好！

祝我们伟大的祖国繁荣富强！

神舟十二号任务飞行乘组

2021 年 9 月 18 日

其实，要感谢的人很多很多，在我们心里，所有托举、支持我们飞天的人们，我们都将永远铭记。

后记

　　载人航天工程是一项宏大的系统工程，"两弹一星"功勋奖章获得者孙家栋形容："离开了集体的力量，个人将一事无成。"在我们航天员大队，大家经常说的也有一句话："天地一体、乘组一心。"所以，我在太空飞行的三个月里，既有我们乘组的密切配合、团结协作，也离不开地面成千上万科技工作者的支持与合作，更离不开航天员大队战友和家人的关心关注。

　　从太空归来后，在中国航天员科研训练中心医监医生的精心照顾下，我们先后完成了隔离恢复和疗养恢复，我的身心状态恢复较好，肌肉力量、耐力和运动心肺等功能得到了康复，达到了预期的效果。2021 年 12 月 7 日，在北京航天城举行了记者见面会，正式与公众见面。现在我们身体状态良好，已经开始进行正常的训练了。

　　历史只会眷顾坚定者、奋进者、搏击者，而不会等待犹豫者、懈怠者、畏难者。仰望星空，飞得更高更远的神圣使命激励着我们去拼搏；展望未来，建设航天强国的宏伟蓝图召唤着我们去奋斗。中国梦带来了航天梦，我和我的战友是幸运的，赶上了一个好时代，成就了我两次飞天的辉煌。我将永远感恩伟大的时代，感恩伟大的事业，珍惜崇高荣誉，扛起历史重任，在建设航天强国的新长征路上勇当先锋，忠诚践行"为载人航天事业奋斗终生"的铮铮誓言！

2022 年 9 月 17 日

　　每次任务都要重新归零，每次任务都要重新开始，我要保持第一次的热情、激情，也要保持第一次精细操作的踏实作风。

　　星星只有闪烁在太空中才是最美的，否则它就是一块苍白的岩石。

　　这 13 年，我们每一名航天员都在紧张备战，都在为梦想而坚守，都在为使命而拼搏；这 13 年，中国航天人一步一个脚印地将梦想变为现实，我也在追逐梦想的征程中不断前行。

　　无论困难多大，风险多高，任务多重，我坚信，有专业人员的地面支持，有我们乘组三位帅哥的密切配合，我们一定满怀信心，迎接一切挑战……浩瀚太空必将留下更多的中国身影、中国足迹。

唯有银河两岸，群星荟萃，才让世人仰望星空久久不能释怀，因为它们懂得一个道理——"只有相互照耀，才能群星闪烁！"

是祖国和人民托举我们飞天，是全体航天科技工作者用智慧和汗水，为我们搭建飞天之路、照亮飞天征途。

梦在前方，路在脚下。我们都是追梦人，为建设航天强国、实现中华民族伟大复兴的中国梦而努力奋斗！

青春朝气永在，志在伟业，百年仍是青年，奋斗正当时！